KB004517

과학특성화중학교

❷시간을 거슬러 온 조커와 사물함에 갇힌 우정

과학특성화중학교
❷시간을 거슬러 온 조커와 사물함에 갇힌 우정

초판 1쇄 펴냄 2022년 9월 21일
    4쇄 펴냄 2023년 10월 31일

지은이 닥터베르
그린이 리페
시리즈 기획 이윤원 김주희

펴낸이 고영은 박미숙
펴낸곳 뜨인돌출판(주) | 출판등록 1994.10.11.(제406-251002011000185호)
주소 10881 경기도 파주시 회동길 337-9
홈페이지 www.ddstone.com | 블로그 blog.naver.com/ddstone1994
페이스북 www.facebook.com/ddstone1994 | 인스타그램 @ddstone_books
대표전화 02-337-5252 | 팩스 031-947-5868

ⓒ 2022 닥터베르

ISBN 978-89-5807-925-5 04400
    978-89-5807-901-9 (세트)

과학특성화 중학교

② 시간을 거슬러 온 조커와 사물함에 갇힌 우정

중학교

닥터베르 지음 | 리페 그림

✦✦ 캐릭터 소개 ✦✦

주나기

과학을 사랑하는 공상가 소년. 흥미로운 걸 발견하면 몇 시간이고 관찰하거나 생각에 잠기는 습관이 있다.

방리나

발레가 인생의 전부인 발레 소녀. 유명한 발레리나였던 백화란 선생을 쫓아 과학특성화중학교에 입학했다.

피지수

탈중학생급 덩치와 키를 가진 근육맨. 초등학교 시절부터 나기의 단짝 친구다.

연금슬

만화와 소설을 좋아하는 문학 소녀. 글을 쓰고 싶지만 안정된 길을 찾아 과학특성화중학교에 입학했다.

권지오

아재 개그를 좋아하는 농촌 소년. 과학을 사랑하지만 귀신은 무서워한다.

공위성

과학 교사. 가만히 서 있기만 해도 학생들을 긴장하게 만든다. '걸어 다니는 백과사전'으로 불린다.

백화란

체육 교사이자 발레부 고문. 수년 전까지 세계적인 발레리나로 활약했다.

천상천

과학특성화중학교 교장이자 천하전자 회장. 학생들을 사랑하며, 다소 엉뚱한 구석이 있다.

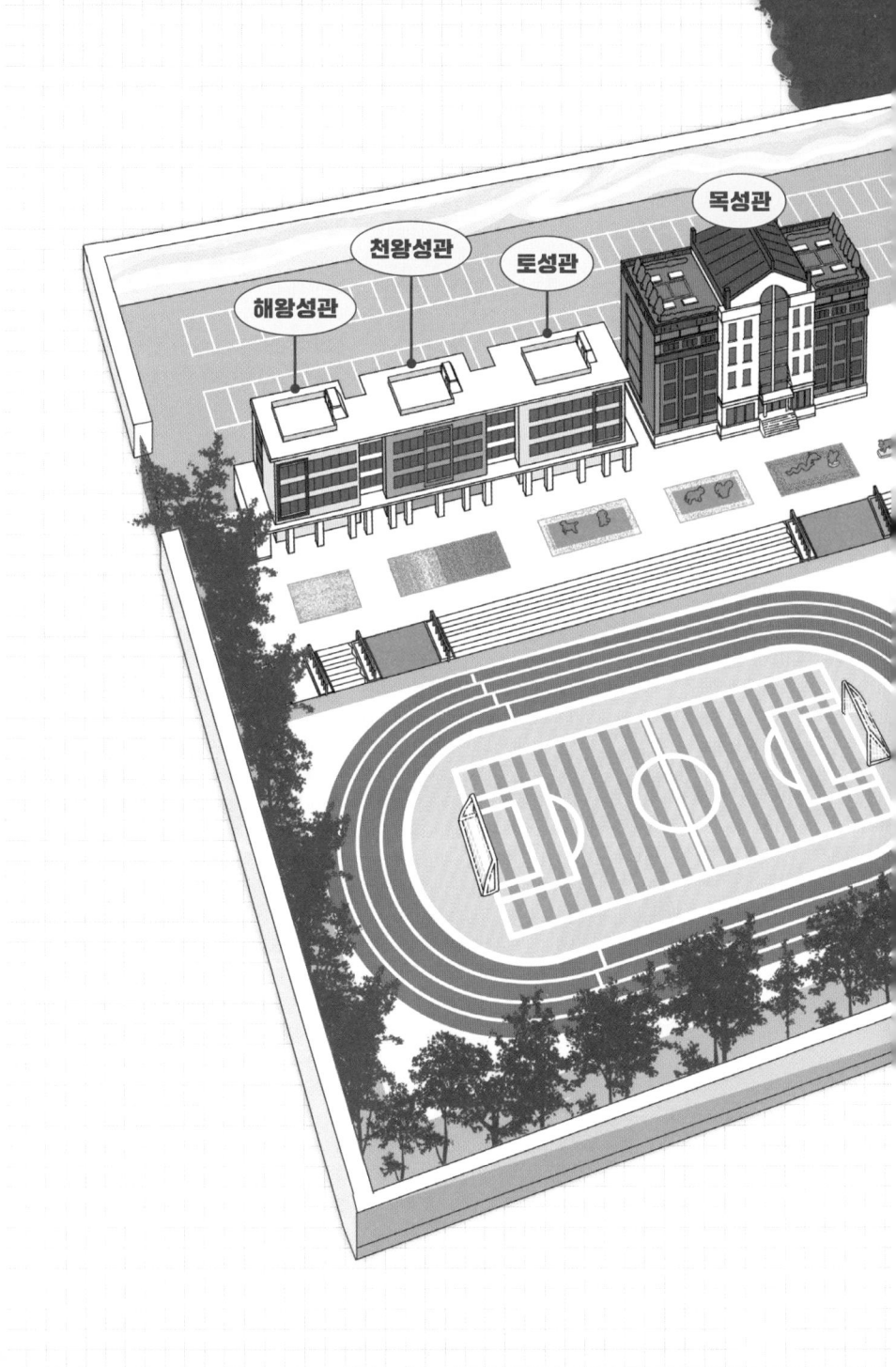

해왕성관

천왕성관

토성관

목성관

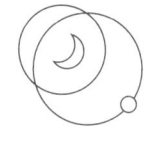

여름 방학

모처럼 집에서 지낼 수 있는 4주 동안의 방학에 아이들은 흥분했지만 나기는 방학이 반갑지 않았다. 지수와 다른 친구들도, 과학 수업도, 학교의 비밀 찾기도 없는 4주의 시간은 나기에게 캄캄한 동굴처럼 느껴졌다.

나기의 부모님은 나기가 어릴 때 이혼했다. 집에서 나기를 기다리는 건 어머니뿐이었다. 나기는 어린 시절부터 어머니의 행동을 이해하기 어려웠다. 하지만 나이가 들고 다른 사람들을 만나면서 이상한 쪽은 자신이고, 어머니는 지극히 평범한 사람임을 알게 되었다. 어머니와 자신 사이에 어떤 벽 같은 게 자리잡은 것도 그즈음부터였다.

집에 도착한 나기는 잠시 망설이다 초인종을 눌렀다. 곧 안에서 인기척이 들렸고, 잠시 후 현관문이 열렸다.

"…왔니."

"다녀왔습니다."

3개월 만의 재회는 그렇게 일단락되었다.

　나기가 방에 짐을 풀어 놓는 동안 주방에선 어머니가 저녁 식사를 준비하는 소리가 들렸다. 짐 정리를 마친 나기는 멍하니 의자에 앉아 남은 시간을 어떻게 보낼지 생각했다. 현재 시각은 오후 5시 40분. 아마도 6시 정도엔 저녁 식사를 할 것이다. 그러니 지금부터 책을 읽거나 컴퓨터를 하는 건 좋은 선택이 아닐 수 있다. 그럼 자신은 높은 확률로 그 일에 빠져서 식사 시간을 놓칠 것이고, 시간이 한참 지난 후에 책상 옆에 놓인 식은 밥을 먹게 될 것이다. 그것은 나기에게 지극히 당연한 일상 중 하나였지만, 지금은 그게 바람직하지 않다는 걸 어렴풋이 알 수 있었다. 20분이라는 시간의 활용법을 고민하던 나기는 거실로 나가 식탁에 앉았다.

　나기가 식탁에 앉자 어머니는 움직이던 손을 멈추고 놀란 눈으로 돌아봤다. 그 표정이 얼마나 당황스러웠는지 나기는 자신도 모르게 뒤를 돌아봤지만, 그곳엔 깔끔하게 정돈된 거실이 있을 뿐이었다.

　잠시 굳어 있던 어머니는 찌개가 끓어 넘치는 소리에 퍼뜩 정신을 차리고 가스레인지의 불을 조절한 뒤 다시 애호박을 썰기 시작했다. 그녀는 몇 번이고 머뭇거리며 나기에게 말을 걸려다 삼키기를 반복했다. 그사이 요리가 완성되었다.

잠시 후, 두 사람은 식사를 시작했다. 나기와 어머니 사이엔 무거운 긴장감이 감돌았다. 나기는 예전부터 어머니의 기분을 예측하기 어려웠다. 어릴 땐 어머니가 갑자기 화를 내고 갑자기 슬퍼한다고 생각했다. 어머니는 어느 순간 희망에 차올랐다가 다시금 좌절했고, 어떤 날은 나기를 칭찬하다가 어떤 날은 비난의 말을 퍼부었다. 나기는 그 모습이 마치 흙먼지가 잔뜩 가라앉은 연못 같다고 생각했다. 조그만 물결에도 뿌옇게 흐려지는 연못. 그때부터 나기는 그 연못에 물결을 일으키지 않기 위해 최선을 다했다. 가장 쉬운 방법은 어머니와 일정한 거리를 두는 것이었다. 하지만 지금 나기는 그 경계선의 한참 안쪽에 들어와 있었다.

침묵 속에서 식사를 이어가던 나기가 조심스럽게 첫 마디를 떼었다.

"…맛있네요."

"흐윽."

나기의 말에 어머니는 기묘한 소리를 내며 왈칵 눈물을 쏟았다. 자신의 감정 변화에 놀란 듯 어머니는 황급히 티슈를 뽑아 눈가를 정리하고 손부채질을 하며 눈물을 진정시켰다.

"아니, 엄마가, 조금, 예상을 못 해서 그래. 엄마가…."

억지로 한 마디씩 끊어서라도 말을 이어가려던 어머니의 표정은 조금씩 울상이 되었고, 이내 걷잡을 수 없는 눈물이 흘러내렸다. 나기는 괜한 부스럼을 만든 것 같아 후회했다. 그리고 처음으로, 자신과 어머니의 관계는 생각보다 훨씬 더 망가져 있을지도 모른다고 실감했다.

그날 밤, 어머니는 잠자리에 누워 나기가 태어난 이후의 일들을 회상했다.

나기가 말 못하는 아기일 때, 어머니는 나기에게 자폐 가능성이 있다는 이야기를 들었다. 어머니는 나기가 눈을 맞출 줄 알고 모빌을 보는 것도 좋아한다며 부정했다. 하지만 나기의 눈빛이 다른 아이들과 사뭇 다른 느낌이 드는 것은 사실이었다. 무엇보다 나기는 울고 웃는 일이 거의 없었다.

나기가 좀 더 자라 말을 하게 되면서, 나기를 정의하는 말들은 더 다양하고 복잡해졌다. ADHD, 아스퍼거 증후군 등 생소한 단어들이 끊임없이 오르내렸다. 불안하고 답답한 마음에 병원을 찾았을 때, 의사는 자폐나 ADHD 같은 것과 비슷한 점도 있지만 다른 면도 많다고 했다. 그 말이 어머니의 마음속에 한

줄기 빛이 되었다. 이후 다른 사람들에게 자폐 비슷한 말을 들을 때마다 어머니는 불같이 화를 냈다. 어머니에겐 '비슷한 점'보다 '다른 점'이 훨씬 더 중요했다. 이런 다툼이 반복되면서 친구들과의 사이는 점점 멀어졌다. 남편과 이혼한 것도 이 무렵이었다.

상황은 나기가 어린이집에서 숫자를 배우기 시작하면서 달라졌다. 처음으로 나기가 천재일 거라는 이야기가 나오기 시작했다. 나기는 마치 홀린 것처럼 숫자들을 흡수했고, 누가 가르치기도 전에 곱하기와 나누기를 깨쳤다. 한 번도 구구단을 접해 보지 않았는데도 나기는 '9가 9개 있으면?'이라는 선생의 질문에 '81개'라고 대답했다. 그때 봤던 선생의 표정을 어머니는 지금도 기억했다.

나기는 점점 더 자신만의 세계에서 자신만의 방식으로 뭔가를 배워 갔다. 도서관의 존재를 안 뒤론 유치원 대신 매일 도서관에 드나들었다. 초등학교 담임 선생의 권유로 처음 내보낸 수학 경시 대회에서 전국 1등을 했는데, 그 과정에서 제일 힘들었던 게 제시간에 아이를 데리고 가서 자리에 앉히고 시험지를 보게 하는 거였다고 말하면 누가 믿을까? 상 받는 모습을 자료로 남기고 싶었던 어머니는 전문 사진사까지 고용했지만 나기는 큐브 맞추기에만 꽂혀 있었다. 어머니는 그날만큼 나기가 야

속하게 느껴진 적이 없었다.

그래도 그날 이후 사람들은 '천재는 원래 그런 면이 있다'라며 나기를 인정하기 시작했다. 학교 선생을 비롯해 여러 사람이 나기를 가르치겠다고 나섰다. 어머니는 이제 모든 일이 잘 풀릴 거란 희망에 부풀었지만, 나기는 그런 노력을 비웃듯 점점 더 자신만의 세계 속으로 가라앉았다. 시험 시간에 백지를 내는 것 정도는 일상이었다. 문제를 이해하지 못하는 건 아니었다. 단지 정해진 시간에 정해진 문제를 풀지 않았을 뿐. 처음엔 흥미의 문제라고 생각했지만 나기가 다음 해 수학 경시 대회에서도 백지를 냈다는 말에 어머니의 마음속에 있던 일말의 기대감이 무너져 내렸다. 아무리 빠른 말이라도 신호에 맞춰 달리게 할 수 없으면 경주에 나갈 수 없다. 어머니는 그 사실이 너무나 안타깝고 절망스러웠다.

그 뒤로 한동안 혼란스러운 시간이 흘렀다. 울어도 보고, 빌어도 보고, 화도 내 보던 어머니는 어느 날 나기의 눈 속에서 자신이 가진 것과 같은 공포를 봤다. 이해할 수 없는 존재를 마주한 공포감. 그날부터 어머니는 나기와 거리를 두기로 했다. 자신을 위해서, 무엇보다 나기를 위해서.

그렇게 몇 걸음 물러서자, 나기가 조금씩이지만 더 나은 방향으로 나아가는 게 보였다. 학교에 제시간에 가는 날이 많아졌고, 책상에 놔둔 밥은 언젠가는 먹었다. 그리고 자신의 길을 찾아 과학특성화중학교에 들어갔다. 과연 이 아이가 다른 사람과 어울려 살아갈 수 있을까 그녀는 늘 걱정했지만, 오늘 나기는 스스로 식탁에 앉아 밥을 먹었다. 오랜 시간 포기했던 희망이 다시금 고개를 들었다. 어머니는 차분히 숨을 고르며 마음을 가라앉혔다.

'기다리자. 아무것도 욕심내지 말고, 기다리자.'

주문처럼 그 말을 마음속으로 되뇌던 어머니는 아주 오랜만에 깊은 단잠에 들었다.

비슷한 시각, 리나는 집에서 혼자 라면을 먹고 있었다. 리나의 부모님은 모두 늦게까지 일을 했다. 예전엔 아버지 혼자 일했지만, 아버지의 사업이 실패한 후 어머니도 일하기 시작했다. 두 사람이 일하는 시간은 점점 길어지는데 왜 집은 점점 작아지고 생활은 점점 힘들어지는지 예전의 리나는 도무지 이해할수 없었다.

"잘 먹었습니다."

리나는 들을 사람 없는 인사를 한 뒤 그릇들을 싱크대로 옮기고 설거지를 했다. 물기를 닦은 그릇들을 선반에 정리한 뒤 운동복으로 갈아입었다. 간단한 스트레칭을 마치고, 리나는 거실 한쪽에 놓인 발레 바에 손을 얹었다.

'드미플리에, 그랑플리에, 앙오, 백 깜블레.'

리나는 핸드폰에서 나오는 음악에 맞춰 루틴을 반복했다. 발레는 의식하지 않아도 모든 동작이 제자리를 잡을 때까지 반복하는 게 무엇보다 중요했다.

'좀 더 큰 거울이 있으면 좋을 텐데.'

어깨너비 정도 되는 거울은 전신을 비추기엔 너무 좁아서 옆으로 뻗은 발끝이 보이지 않았다. 리나는 곧 머리를 가볍게 흔들어 생각을 털어 냈다. 거울로 된 벽이 있으면, 층간 소음을 신경 쓰지 않고 연습할 수 있는 공간이 있으면, 꾸준히 레슨을 받을 수 있으면 더 좋겠지만 그 무엇도 지금 당장 이루어질 수 없었다. 지금 할 수 있는 건 개학 때까지 실력이 녹슬지 않도록 반복하고 또 반복하는 것이었다.

리나는 이마에 땀이 송글송글 맺힐 때까지 연습을 계속했다. 방학이 끝나면 이 바를 학교 아지트에 가지고 갈 것이다.

'어서 빨리 방학이 끝났으면 좋겠다.'

앞쪽으로 허리 높이까지 들어 올린 다리를 그대로 천천히 몸 옆과 뒤쪽으로 돌리며, 리나는 개학을 손꼽아 기다렸다.

그 무렵, 금슬의 집에선 한바탕 소란이 벌어지고 있었다.

"그러니까 그걸 왜 마음대로 버리냐고!"

"아니, 집은 좁은데 만화책은 끝도 없이 늘어나니까 그렇지! 과특중까지 갔으면 이제 마음잡고 공부할 생각을 해야지, 언제까지 만화책만 볼 거야?"

"내가 언제 만화책 본다고 공부 못했던 적 있어?!"

문제의 발단은 집에 도착한 금슬이 자기 책장 한쪽이 고등학생인 오빠의 문제집과 참고서 등으로 바뀐 걸 발견하면서부터였다. 전체 75칸짜리 2단 책장의 한 면은 15칸이니, 300권 정도의 분량이었다. 금슬은 만화책을 아지트로 책장째 옮길 생각이었기에 따로 챙겨 놓기만 하면 별문제 없다고 생각했지만, 그 300여 권이 폐지로 버려졌다는 걸 알고는 분노가 폭발하고 말았다.

"100권, 200권 같으면 말이나 안 하겠다. 이게 다 몇 권이니? 볼 만큼 봤으면 버릴 줄도 알아야지."

"버려도 내가 버려! 왜 그걸 엄마 마음대로 버려?"

"어차피 그거 다 엄마 아빠 돈으로 산 거지, 네 돈으로 샀니?"

"엄마는 맨날 그런 식이야!"

금슬은 방문을 쾅 닫고 들어가 침대에 엎드려 엉엉 울었다. 방이 어지러워 보인다는 이유로 버려진 여러 만화의 굿즈들과 인형, 피규어들이 주마등처럼 스쳐 지나갔다. 기숙사에 들어가면서 방에 있는 물건들에 손대지 않기로 거듭 약속하고 갔는데, 그 결과가 이거라니. 금슬은 참을 수 없는 배신감에 몸이 떨릴 지경이었다.

'어서 빨리 어른이 되고 싶어. 내 돈으로 내 공간을 내가 원하는 것들로 채우고, 누구에게도 간섭받지 않고 살고 싶어. 이야기 속의 공주처럼 살 수는 없겠지만, 숲속의 마녀라도 되었으면 좋겠어.'

그렇게 한참 울던 금슬은 지쳐서 그대로 잠이 들었다.

천하태평파크

8월 10일, 이날은 발레부 친구들이 방학식 때 받은 자유이용권을 들고 천하태평파크에서 모이기로 한 날이었다.

나기는 새벽같이 일어나 셔틀버스를 타고 한 시간쯤 일찍 천하태평파크에 도착했다. 친구들과 이렇게 놀이동산에 오는 건 처음이라 잠까지 설쳤다. 약속 장소인 시계탑 앞 벤치에 앉아 있는데, 핸드폰 진동이 울렸다. 지수였다.

"여보세요?"

〈어, 나기야. 미안한데 나 오늘 거기 못 갈 것 같다고 애들한테 좀 말해 줄래?〉

"왜? 무슨 일 있어?"

〈어제 중량 들기 신기록에 도전했는데…. 너무 무리했는지 허리가 아파서 못 움직이겠어.〉

"아니, 왜 그렇게 무리를 했어?"

〈그것이… 근성이니까.〉

잠시 후 전화를 끊고 나기는 하늘을 날아가는 새들을 멍하니 바라봤다. 참새, 곤줄박이, 딱새, 그리고 이름 모를 몇몇 산새들이 부지런히 날아다녔다. 어떻게 이토록 다양한 생물들이 나타났을까? 생명 진화 과정의 위대함을 생각하면 저 새들의 이름을 하나하나 불러 주지 못하는 게 미안할 정도였다.

나기가 생각에 잠겨 있는 동안 주변은 조금씩 사람들로 북적였다. 오전 9시 30분. 이제 곧 본격적으로 인파가 몰려들 것이다. 잠시 후 나기의 핸드폰이 다시 울렸다. 지오였다.

"여보세요?"

〈나기야, 난데. 미안한데 오늘 나는 못 갈 것 같아서.〉

"어? 왜?"

〈할머니 댁에서 농사를 도와드리고 있거든. 근데 요즘이 좀 바쁜 시기라…. 뭐 가도 상관없다고 하시긴 하는데 내가 맘이 너무 불편해서. 갑자기 취소해서 미안해.〉

"아… 그래. 그럼 어쩔 수 없지. 내가 잘 말해 줄게."

〈어, 그래, 고마워!〉

이제 남은 사람은 금슬과 리나. 만약 이 두 사람까지 못 온다고 하면 어떻게 해야 할까? 여기까지 왔으니 혼자서라도 놀고 가야 할까? 아니면 그냥 집으로 가야 할까?

나기가 앞으로의 선택지를 놓고 진지하게 고민하고 있을 때, 누군가가 옆에서 어깨를 가볍게 쳤다. 리나였다. 짧은 반바지에 어깨가 조금 드러난 반팔 티셔츠는 그녀의 긴 목과 팔다리를 더욱 돋보이게 했다.

"일찍 왔네?"

"어, 응."

"금슬이는 좀 전에 못 올 것 같다고 연락 왔어. 방을 사수해야 한다던데? 아무튼 미안하다고 하더라."

"어? 지수랑 지오도 못 온다고 연락왔는데?"

"뭐?"

"지수는 운동하다가 몸살이 났고 지오는 할머니 일 도와드려야 한대."

"아니, 얘들은 어떻게 그런 말을 약속 당일에 하니? 차라리 다른 날을 잡거나 하지."

"…그러게 말이야."

"어쩔 수 없지. 우리끼리라도 재미있게 놀자."

"응…!"

나기는 이것이 전화위복인가 생각하며 자리에서 일어났다. 나기가 일어서자 리나는 조금 놀란 표정으로 한 걸음 더 다가서

서 손으로 자신의 정수리 높이와 나기의 키를 비교했다.

"너 키 컸니?"

"어? 잘 모르겠는데. 쟤 보질 않아서…."

"우리 마지막으로 본 지 얼마나 됐지? 3주?"

"그쯤 됐지."

나기는 살짝 부끄럽고 당황스러웠지만 허리과 가슴을 조금 더 폈다. 집에 돌아가면 꼭 키를 재 봐야겠다고 생각했다.

그 뒤로 두 사람은 즐거운 시간을 보냈다. 놀이 기구를 타거나 공연을 보는 것도 좋았지만 그중 압권은 사파리 스페셜투어였다. 이 투어는 최대 5명이 특수한 SUV 자동차를 타고 사파리 안을 돌아다니며 동물들에게 먹이를 주는 모습을 보거나 동물들의 개인기를 볼 수 있는 프로그램이었다. 코앞에서 고기를 뜯는 사자의 이빨을 보고 있자니 울타리 너머의 사자를 보는 것과 차원이 다른 생생함이 느껴졌다.

"와, 진짜 장난 아니었어. 난 사자 입이 그렇게 큰 줄 처음 알았다니까?"

"나도."

"이 좋은 구경을 놓치다니, 자기들만 손해지. 안 그래?"

"응, 맞아."

사파리 스페셜투어를 마치고 나온 리나는 흥분된 목소리로 재잘재잘 떠들었고, 나기는 한두 걸음 뒤에서 따라 걸으며 그녀의 말에 맞장구를 쳤다.

"코끼리도 가까이서 보면 엄청나겠지? 코끼리 몸무게는 얼마나 될까?"

"아프리카코끼리는 8t까지도 자란대."

"8t? 우와···. 그럼 고래는?"

"대왕고래는 30m 크기에 200t 가까이 자라."

"와, 그건 정말··· 상상도 안 된다."

"나도."

나기는 사파리 스페셜투어를 보기 전까지 자신이 대왕고래에 대해 상상할 수 있다고 믿었다. 관광버스 2대 정도 크기의 몸통에 승용차만 한 지느러미, 농구공만 한 눈. 하지만 만약 물속에서 헤엄치는 대왕고래를 직접 본다면, 이런 상상을 훨씬 뛰어넘는 광경을 마주하게 될 게 분명했다. 사자가 입을 벌리는 모습만으로도 눈이 휘둥그레졌는데, 30m나 되는 대왕고래가 시속 40km로 다가오는 모습을 앞에서 본다면 어떤 느낌일까? 그것은 장관이란 말로 표현할 수 없는 무언가일 것이다.

나기는 깊은 바닷속에 있는 자신을 상상했다. 자신은 신비로운 투명한 정육면체 안에 있어서 물속에서도 자유롭게 숨을 쉬

며 주변을 볼 수 있었다. 정육면체의 한 변은 2m 정도로 여유로웠다. 나기를 발견한 상어 몇 마리가 근처에 다가왔지만 투명한 벽에 가로막히자 흥미를 잃고 곧 다른 곳으로 사라졌다. 나기가 안도의 한숨을 내쉬었을 때, 수많은 새우 떼가 지나가 그를 다시 놀라게 했다. 그리고 그 새우 떼를 쫓듯이 바다 저편에서 육중한 무언가가 미끄러지듯 나기를 향해 다가왔다.

'대왕고래다.'

나기가 그 정체를 파악했을 때 대왕고래는 이미 나기를 향해 입을 벌리고 있었다. 한 번에 80t의 물을 머금을 수 있는 거대한 입 앞에서 2m짜리 정육면체는 알사탕이나 마찬가지였다. 일순간 나기의 눈앞이 암흑으로 변했다. 대왕고래가 신비한 정육면체를 통째로 집어삼킨 것이었다.

나기가 깜짝 놀라 정신을 차렸을 땐 어느새 자판기 옆 벤치에 앉아 있었다.

"어?"

당황한 나기가 상황을 파악하기 위해 두리번거리자 바로 옆에 앉아 있던 리나가 새초롬한 표정으로 말을 걸었다. 더운 날씨 탓인지 리나의 얼굴은 평소보다 붉게 상기되어 있었다.

"이제야 정신을 차렸구나? 무슨 생각을 그렇게 했어?"

"어? …고래. 고래 생각."

"흠…. 넌 고래가 나보다 중요하구나?"

"그건 아닌데…. 미안."

"미안하면 음료수 쏴. 나 목 말라."

"어, 응. 뭐 마실래?"

나기는 자판기에서 음료수를 2개 뽑았다. 무더운 날씨에 쉬지 않고 돌아다닌 탓인지 탄산이 따끔할 정도로 시원하게 목구멍을 자극했다.

"근데 나 여기까지 어떻게 왔어?"

지수가 아닌 다른 사람이 자신을 이런 식으로 옮긴 경험은 처음이었기에 나기는 순수한 호기심으로 물었다. 지수는 자신을 강아지 들듯이 뒤에서 양쪽 겨드랑이를 잡고 팔자걸음으로 걸어갔지만, 리나가 그런 식으로 옮겼을 것 같진 않았다.

"그냥 잡고 가니까 따라오던데?"

"잡아? 어디를? 귀? 머리?"

"내가 설마 네 머리끄덩이를 잡고 왔겠니?"

"그럼 어디? 목?"

"…몰라, 이 바보야!"

리나는 혀를 쏙 내밀어 보이곤 자리에서 일어나 빈 깡통을 재활용 수거함에 넣었다. 쏟아지는 햇살을 향해 힘껏 기지개를 켜며, 리나는 혼잣말처럼 중얼거렸다.

"아- 얼른 개학했으면 좋겠다."

"나도."

✦ ✦ ✦

개학식 날, 기숙사에 짐을 내려놓은 아이들은 곧 강당에 삼삼오오 모여들었다. 예정된 시각이 되자, 간단한 의례를 마치고 천상천 교장의 훈화 시간이 이어졌다.

"모두 즐거운 여름 방학 보냈길 바랍니다. 지난 한 달 동안 저는 우리 학교의 미래에 대해 여러 가지 생각을 했습니다. 제일 먼저…."

아이들은 딴생각하는 기색 없이 천상천 교장의 말에 귀를 기울였다. 발레부 아이들이 방학식 때 상을 받으면서 과학특성화중학교의 숨겨진 비밀에 관심을 보이는 아이들이 많아진 탓이었다.

"…앞으로도 다양한 지원을 확대할 생각입니다. 마지막으로, 새로운 땅이 태어나는 곳 가운데에 두 번째 열쇠가 있습니다. 학생 여러분의 많은 참여를 기대합니다."

천상천 교장이 말을 마치기도 전에 분위기가 크게 술렁였다. 교장이 만족스러운 얼굴로 연단에서 한 걸음 물러나자, 사회를 보던 백화란 선생이 마무리 멘트를 했다.

"멋진 연설 준비해 주신 교장 선생님께 감사드리며, 이상으로 개학식 행사를 모두 마칩니다."

개학식이 끝나자마자 발레부 아이들은 아지트에 모였다.

"…뭐야 이건?"

아지트에 처음 도착한 금슬이 발견한 건 바닥에 흩어진 분필 조각과 인자가 남겨 놓은 낙서였다.

"Joker enters the 2nd race… 조커가 두 번째 경주에 참가한다?"

"우리 말고도 누가 한발 늦게 퍼즐을 풀었나 봐."

지오가 금슬의 뒤에서 말했다. 아이들은 낙서를 누군가의 가벼운 화풀이 정도로 생각하고, 일단 출입문의 비밀번호를 바꾸기로 했다.

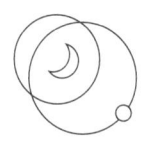

새로운 땅이 태어나는 곳

"내 피 같은 용돈 전부 털어서 싣고 온 거니까 감사한 마음으로 봐!"

점심때가 지날 무렵, 아지트엔 금슬이 용달차로 싣고 온 만화책 외에도 지오네 집에 있던 냉장고, 리나가 가지고 온 발레 바와 요가 매트 등이 생겼다. 지수는 냉장고에 음료수와 닭가슴살을 채워 놓았고, 나기는 집에 있던 과학 잡지 10년 치와 스툴 2개를 가지고 왔다.

"넌 여름 내내 할머니 댁에 있었던 거야?"

"응, 한 3주쯤? 많이 탔지?"

금슬의 물음에 지오는 싱긋 웃으며 답했다. 구릿빛으로 변한 피부 탓인지 하얀 이가 더욱 눈길을 끌었다.

"으응, 건강해 보이고 좋은 것 같아."

"이거 봐봐, 장난 아니야."

지오가 교복 칼라를 벌려 금슬에게 쇄골 부분을 보여 줬다. 목이나 어깨는 까맣게 탔지만 민소매에 가려 있던 쇄골 부분은 여전히 하얬다. 금슬은 그 장면을 뇌리에 새기며, 오늘 저녁엔 꼭 글을 써야겠다고 다짐했다.

"자, 그럼 인사는 이 정도로 하고, 우리 두 번째 비밀에 대해서 이야기해 보자."

리나가 가볍게 손뼉을 치며 말하자 아이들은 소파 주위로 몰려들었다.

새로운 땅이 태어나는 곳 가운데에 두 번째 열쇠가 있다.

"새로운 땅이 태어나는 곳?"

금슬은 고개를 갸웃거리며 문장을 곱씹었다.

'땅이 태어난다. 땅이 만들어진다. 땅이면 돌이나 흙. 돌이 만들어진다…?'

금슬은 암석이 만들어지는 여러 경로를 떠올렸다.

"퇴적암이 만들어지는 강바닥 같은 곳을 말하는 건가?"

"내 생각엔 화산이나 해령을 의미하는 것 같아."

"아, 그럴 수도 있겠다."

지오의 의견에 금슬이 손가락을 튕겼다. 분위기를 지켜보던 리나가 나기에게 물었다.

"해령이 뭐야?"

"해령은 바다 깊은 곳에 있는 거대한 산맥이야. 지하에 있는 맨틀이 솟아올라서 새로운 해양판이 만들어지는 곳이지. 새롭게 만들어진 해양판은 맨틀의 대류를 따라 양쪽으로 이동하고, 해령 가운데엔 'V자 열곡'이라고 부르는 깊은 골짜기가 생겨."

"그럼 만들어진 해양판은 어디로 가?"

"해양판은 우리가 있는 대륙판보다 무거워서 대륙판과 만나면 아래로 파고들게 돼. 두 판이 만나는 부분을 해구라고 부르고. 밑으로 가라앉은 해양판은 온도와 압력을 받아 녹아서 유동적인 고체 상태인 맨틀로 돌아가. 이 과정에서 대륙판과의 마찰로 지진이 자주 발생하고, 화산 활동도 많이 일어나."

나기는 지금까지 말한 내용을 연습장에 그림을 그려 정리했다. 금슬이 지금까지 나온 내용을 간략하게 요약했다.

"일단 새로운 땅이 만들어지는 곳이 해령이라는 아이디어는 설득력이 있는 것 같아. 해령처럼 보이는 장소가 있으면 그쪽을 집중적으로 찾아보자. 화산이나 퇴적 지형도 잊지 말고."

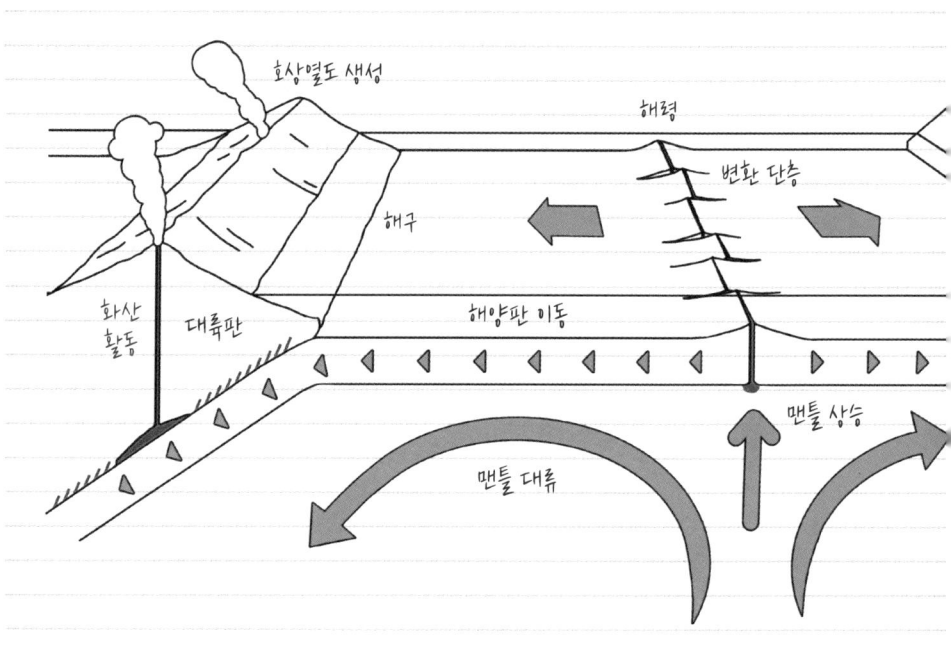

같은 시각, 인자가 소집한 올림피아드 준비부 소모임에서도
비슷한 논의가 이루어지고 있었다. 방학식 이후 혼자 퍼즐을
풀며 생각보다 많은 노동과 탐색이 필요하다고 느낀 인자는 같
은 반의 김서전과 나기의 룸메이트인 공부만을 영입했다.

"지난 문제의 답을 보면 정답은 조각상이나 학교 건물, 화단
같은 곳에 숨겨져 있을 가능성이 커."

"그런 곳에서 해령에 관련된 걸 찾으라는 거지?"

"맞아."

서전은 인자의 말을 거듭 확인하며 메모지에 필기했지만, 부만의 생각은 조금 다른 듯했다. 부만은 손가락으로 안경을 치켜올리며 물었다.

"그런데 왜 우리가 그걸 찾아야 해?"

"발레부는 첫 번째 비밀을 푼 대가로 졸업 때까지 자유롭게 쓸 수 있는 아지트를 손에 넣었어. 이번 보상도 그에 맞먹는 무언가일 거야."

"…난 아지트는 별로 관심 없는데."

"내가 필요해."

"…."

부만은 인자의 눈을 똑바로 바라봤다. 차갑고 단호한 인자의 눈빛은 늘 마음에 들지 않았다. 마치 세상 전부를 장기말로 보는 것 같은 그 눈을 볼 때마다 부만은 자신이 저울 한쪽에 올려진 것 같은 기분이 들었다.

"내가 원하는 걸 가질 수 있게 돕는다면, 너도 네가 원하는 걸 갖게 될 거야. 내 요점 노트라든가."

"…정말이야?"

"내가 누구한테든 거짓말한 적 있어?"

부만은 고개를 저었다. 부만은 올림피아드 준비부에서 인자에게 많은 도움을 받았다. 하지만 인자의 친위대 아이들만 보는 자료집이 따로 있다는 건 공공연한 비밀이었다. 이번 올림피아드 본선에 진출한 것도 모두 그 친위대였다.

"어쩔 수 없지."

부만은 불만족스러운 표정으로 부실 문을 나섰다. 두 사람의 눈치를 보고 있던 서전도 허둥거리며 부만의 뒤를 따라갔다.

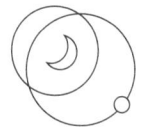

뜻밖의 발견

금방 풀릴 것 같던 두 번째 비밀의 실마리는 2주가 지나도록 나오지 않았다. 반짝 관심을 가졌던 아이들은 학교 게시판에 관련 글을 올리며 정보를 공유하기도 했지만 좀처럼 해답이 나오지 않자 빠르게 흥미를 잃었다.

"언제까지 이 짓을 계속해야 하는 거야?"

"뭐, 일단 열심히 하는 티라도 내면 뭐라도 주겠지."

서전은 부만의 불만을 한 귀로 듣고 한 귀로 흘리며 핸드폰을 꺼내 주변 상황과 셀카를 찍었다. 처음엔 나름 의욕적이었던 두 사람이었지만 이제는 그저 생색내기용 탐색만 반복하고 있었다. 하루가 다르게 치솟는 인자의 히스테리를 넘기려면 이런 인증샷이라도 부지런히 남겨야 했다.

두 사람은 곧 축구장과 테니스장 사이에 놓인 중앙로에 다다

랐다. 넓은 길 한쪽 끝엔 교문이 있었고, 반대편 끝은 학교 건물 쪽으로 이어졌다.

"여기 올 때마다 느끼는 건데, 이 무늬 어긋난 거 완전 거슬리지 않냐?"

부만이 길에 깔린 보도블록을 보며 말했다. 길 중간에는 하늘색 보도블록이 깔려 있고 길 양쪽 가장자리에는 진회색 보도블록이 깔려 있는데, 그 개수가 때때로 변해서 멀리서 보면 회색 길이 삐뚤빼뚤 어긋나 보였다.

"어? 진짜네? 무슨 일을 이렇게 했냐?"

"마음 같아선 튀어나온 거 싹 뽑아서 일자로 맞추고 싶다."

부만의 불만에 서전은 고개를 끄덕이면서도 앞으로 이 길을 지날 때마다 부만과 같은 불편함을 느끼게 되었다는 게 유감스러웠다. 부만은 이런 흠결을 무척이나 잘 찾아냈다. 좌우 대칭이 어긋난 조각상의 얼굴, 수평이 안 맞는 액자 등 요 며칠간 부만이 찾아낸 불편 포인트는 수십 개에 달했다.

"잠깐, 저기."

그때 무언가 발견한 부만이 서전의 걸음을 멈추게 했다. 부만의 시선이 향한 곳을 따라가 보니 발레부 아이들이 모여 이야기를 나누고 있었다. 두 사람은 발소리를 죽이고 그들로부터 얼마 떨어지지 않은 벤치 뒤에 몸을 숨겼다.

"이 길이 해령이라고?"

"응. 내 생각엔 거의 확실한 것 같아."

지수의 질문에 지오가 답했다.

"뒷산에서 학교를 내려다보다가 몇 가지 단서를 발견했어. 일단 이 보도블록 무늬를 봐. 중간중간 길이 어긋나 있지? 가운데 하늘색 부분이 V자 열곡이라고 치면, 길이 어긋난 부분은 변환 단층이라고 볼 수 있어."

"아, 보존 경계!"

리나가 변환 단층이란 말에 박수를 치며 답했다. 얼마 전 나기에게 판구조론에 대한 설명을 들었기 때문이다. 해령 중간엔 판의 이동 속도 차이로 인해 수직 방향으로 갈라진 틈이 있는데, 그곳이 바로 변환 단층이다. 변환 단층은 판이 생기거나 소멸하지 않는 보존 경계지만, 판과 판의 마찰로 인해 지표면 부근에서 지진이 자주 발생했다.

"맞아. 그리고 근거는 또 있어. 저기 봐, 담장에 아주 긴 대각선 무늬가 있지?"

지오가 가리킨 곳은 교문에서 운동장 쪽으로 뻗은 담장이었다. 교문 쪽 담장은 밝은 하늘색 벽돌로 되어 있는데, 교문에서 멀어질수록 아래쪽에 있는 남색 벽돌이 많아졌다.

"저건 아마 해양판 위에 쌓인 퇴적물의 두께를 표현한 걸 거야. 해령에서 멀수록 만들어진 지 오래된 암석이니까 퇴적물도 많이 쌓여 있겠지."

지오의 가설대로 반대편 벽도 교문에서 멀어질수록 남색 벽돌이 점점 많아졌다.

"그럼 이 길 중간쯤에 단서가 있겠구나!"

발레부 아이들은 다 같이 달려가 길 중간쯤에서 흩어졌다. 나기 주변에서 힌트를 찾던 리나가 물었다.

"나기야, 전에 해양판이 대륙판과 만나면 무거운 해양판은 밑으로 가라앉는다고 했잖아?"

"응."

"그럼 해양판이랑 해양판이 만나거나 대륙판과 대륙판이 만나면 어떻게 돼?"

"해양판끼리 만나면 더 무거운 해양판이 아래로 파고들면서 해구가 생겨. 이 해구는 대륙판과 해양판이 만나서 생긴 해구와 마찬가지로 다양한 깊이의 지진이 발생하고 화산 활동도 활발해서 호상열도*를 만들지. 가벼운 대륙판끼리 만나면 아래로 파고드는 힘이 약하기 때문에 두 판이 서로를 밀어 올려서 대규모 습곡 산맥이 만들어져. 히말라야산맥도 이런 식으로 만들

* 해구에서 대륙 쪽으로 100~400km 떨어진 곳에 화산 활동으로 만들어진 섬들의 집합체.

어진 지형이야."

"그럼 히말라야산맥은 시간이 지날수록 점점 높아지겠네?"

"판의 이동은 산맥을 높이지만 비바람에 의한 풍화, 눈사태, 지진 같은 것들이 산의 높이를 낮춰서 고도가 계속 높아지진 않는다고 해. 물론 계속 조금씩 변하긴 하겠지."

"아- 그렇구나."

두 사람이 이야기를 나누며 주변을 찾고 있을 때, 얼마 떨어지지 않은 곳에서 지수가 뭔가 발견한 듯 소리쳤다.

"찾았다!!"

지수 쪽으로 몰려간 친구들은 힌트를 확인하고 서로 손바닥을 부딪친 뒤 어딘가로 달려갔다.

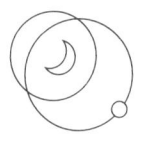

사물함

발레부 아이들이 사라진 뒤, 부만과 서전은 서둘러 그들이 있던 곳으로 갔다. 그리고 곧 보도블록에 연한 음각으로 새겨진 '±402'라는 글자를 발견했다.

"이게 뭐야? 플러스마이너스 402?"

"아마 흙 토(土)일 거야. 토성관 402호에 뭔가 있는 것 같은데?"

"좋아, 그럼 빨리 인자한테 전화하자."

부만은 서둘러 핸드폰을 꺼내들었다.

잠시 후, 인자가 반바지에 티셔츠 차림으로 달려왔다.

"여기가 해령이라고?"

"어? 어, 응."

인자가 이렇게까지 서둘러 나타날 줄 몰랐던 두 사람은 아직 말을 맞추기 전이라 조금 당황했지만 곧 눈치껏 힌트들을 설명하기 시작했다.

"제일 먼저 부만이가 보도블럭이 어긋난 걸 발견했어."

"어어, 그리고 서전이가 여기에 어떤 의미가 있는 건 아닐까 하고 말했지."

"맞아, 이 어긋난 곳이 변환 단층 같았거든."

"그 이야기를 듣고 나니 나는 저 담장 무늬가 그….."

"해양 퇴적물."

"맞아, 해양 퇴적물처럼 보였어."

두 사람이 횡설수설하는 이야기를 들으며 인자는 빠르게 주변 상황을 파악했다. 정답을 알고 나니 정말 힌트가 사방에 널려 있는 게 보였다. 굼벵이도 구르는 재주가 있다는 건 이럴 때 쓰는 말 같았다.

"제법인걸? 그래서 가운데엔 뭐가 있었어?"

"어, 여기, 아마 토성관 402호에 뭔가 있다는 것 같아."

"좋아, 가 보자!"

지금 당장 토성관으로 달려갈 것 같은 인자의 모습에 두 사람은 당혹감을 감추지 못했다. 발레부가 방금 그곳으로 떠났으니 지금 가면 그들과 마주칠지도 모를 일이었다. 서전은 갑자기 어지러운 듯 이마를 짚으며 연기를 시작했다.

"아 잠깐, 나 오늘 너무 많이 걸었나 봐."

"어? 일사병인가? 어떡하지?"

부만이 서전을 부축하며 큰 소리로 말했
다. 인자는 두 사람의 행동이 조금 부자연스
럽다고 느꼈지만 크게 의미를 두진 않았다.

"일단 그늘로 가자. 차가운 걸 마시면 좀
낫겠지."

인자가 한발 앞서 건물 쪽으로 걸어가자,
두 사람은 바로 떨어져서 손으로 어깨와 팔
을 털었다.

잠시 후, 어느 정도 시간을 끌었다고 확신
한 부만과 서전은 인자와 함께 토성관으로
향했다. 402호엔 '기자재실B'라는 팻말이 붙
어 있었다. 인자는 문을 열고 안으로 들어
갔다. 보통 교실의 절반 크기인 방엔 사람
키 정도 되는 사물함 10개가 한 줄로 놓여
있었다.

"뭐지 이건?"

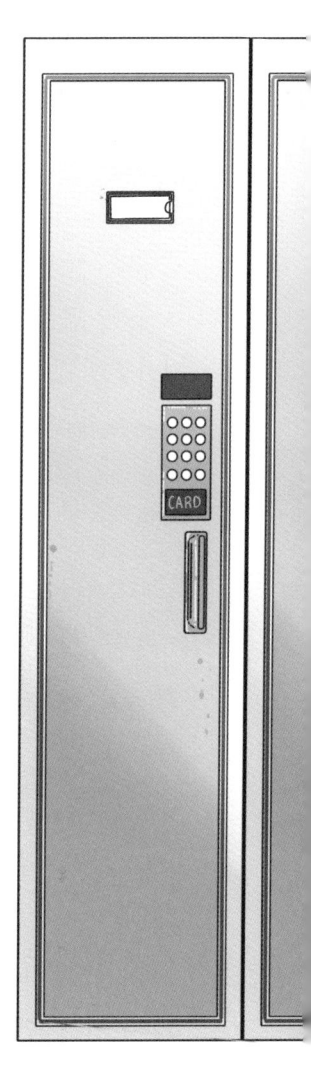

인자는 1번 사물함 문을 열려 했지만, 사물함엔 디지털 잠금 장치가 설치되어 있었다. 충격을 감지한 잠금 장치의 액정에 불이 들어오며 빨간색 글자가 전광판처럼 지나갔다.

시간이 길어질 때 고통은 줄어든다.

새로운 문제를 확인한 인자는 서둘러 두 번째 사물함의 문을 잡아당겼다.

공기가 땅에 스민다.

"사물함마다 다른 문장이 나오는 것 같아. 전부 확인해 봐."
인자의 말에 두 사람은 서로 다른 사물함 문을 당겨 봤다. 부만이 세 번째 사물함의 문을 잡아당기자 또 다른 문구가 떴다.

배추가 노인이 되는 마법의 연못.

이윽고 서전이 4번 사물함의 손잡이를 당기자, 메시지가 나오는 대신 힘없이 문이 열렸다.
"어? 여긴 그냥 열리는데?"

문이 열린 사물함 안엔 전자저울처럼 생긴 실험 기구가 있었다. 실험 기구 위에는 잠금 장치에 있는 것과 비슷한 액정이 달려 있었는데, 빨간색 글자가 표시되고 있었다.

동빛 나무에 눈이 내릴 때 새로운 길이 열린다.

"…뭐지 이건?"

인자는 당황했지만, 이후 사물함을 확인하면서 의미를 분명히 알게 되었다. 5번 사물함 이후부터는 손잡이를 아무리 당겨도 메시지가 표시되지 않았기 때문이다. 1번부터 4번까지 사물함을 확인하면서 인자가 손에 넣은 단서는 다음과 같았다.

1번. 시간이 길어질 때 고통은 줄어든다.
2번. 공기가 땅에 스민다.
3번. 배추가 노인이 되는 마법의 연못.
4번. 동빛 나무에 눈이 내릴 때 새로운 길이 열린다.

인자가 생각에 잠겨 있는 동안 서전과 부만은 티격태격하며 서로에게 뭔가를 떠넘기고 있었다. 그 기색을 눈치챈 인자가 두 사람에게 물었다.

"왜, 뭔데?"

"아니… 그….'

두 사람이 우물쭈물하자 인자는 머리가 아프다는 표정으로 서전에게 말했다.

"야, 그냥 네가 말해 봐."

"…전에 네가 이 문제의 보상을 얻으면 우리한테 보상을 주겠다고 했잖아?"

"그랬지."

"그런데 보상을 얻는 건 제일 먼저 문제를 푼 한 팀이잖아?"

"아마도."

"그럼 우리 팀이 1등을 못 하면, 네가 약속한 보상도 못 받는 거야?"

"그렇지."

"그건 너무 불공평하잖아?"

부만과 서전이 동시에 외쳤다. 인자는 코웃음을 한 번 치고는 두 사람을 똑바로 바라보며 말했다.

"원래 경쟁이라는 건 그런 거야. 몰랐어?"

"그래도 우리는 너를 위해서 시작한 건데…!"

"나도 너희를 위해서 기회를 준 거야. 싫으면 지금 당장 그만둬. 너희를 대신할 애들은 얼마든지 있으니까."

"…."

서전은 할 말을 잃었다. 인자의 말 중에 반박할 수 있는 부분이 없었기 때문이다. 올림피아드 준비부에도, 교실에도 인자에게 잘 보일 기회만 찾는 아이들이 수두룩했다.

"그래도 너무 실망하진 마. 내가 있는 이상 충분히 이길 가능성이 있는 게임이니까. 일단 4개 중에 2개는 뭔지 바로 알겠어."

"…!"

"뭐, 이것도 너희들이 이 일을 계속할 때 필요한 거겠지만."

"…하, 할게!"

"나도!"

인자의 말에 서전과 부만은 귀를 쫑긋 세우고 그의 곁으로 다가섰다.

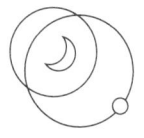

체육 수업

　며칠 후 체육 시간이었다. 2학기 첫 체육 과제는 손 짚고 옆돌기였고, 지금은 손 짚고 앞 돌기(핸드스프링)로 진도가 나간 상황이었다.

　"자, 시범을 보여 줄 테니 집중!"

　백화란 선생은 매트와 몇 걸음 떨어진 곳에서 도움닫기를 시작한 뒤, 양손으로 땅을 짚고 가볍게 날아 만세 자세로 착지했다. 언뜻 봐도 쉽지 않은 동작이었지만, 백화란 선생의 시범은 당연히 그렇게 되어야 할 것이 된 느낌이었다.

　"요령은 손을 짚는 것과 동시에 발을 강하게 차올리고, 허리와 다리를 활처럼 휘어서 발을 뒤쪽으로 넘기는 거야. 그것만 되어도 등으로 떨어질 일은 없으니 안심하고 연습할 수 있어."

　아이들은 줄을 서서 연습을 시작했다. 중간에 엉덩방아를 찧는 아이들도 있었지만 20cm 두께의 에어 매트 덕분인지 아픈 기색 없이 다시 대기 줄에 합류했다.

곧 리나의 순서가 되었다. 리나는 매트를 향해 달려가 손을 짚고 두 다리를 연달아 차올렸다. 유연한 허리 덕에 먼저 차올린 발은 손이 매트에서 떨어지기도 전에 땅에 닿았고, 두 번째 발이 땅에 닿을 때쯤 리나는 여유로운 자세로 일어서서 착지 자세를 취했다. 순간, 아이들 사이에서 감탄사가 터져 나왔다.

"잘했어. 다음엔 두 발을 동시에 착지하는 걸 해 보자."

"네."

리나의 순서가 지나고 얼마 있지 않아 나기의 순서가 되었다. 나기는 긴장된 숨을 가볍게 내쉰 뒤 머릿속으로 계속 시뮬레이션한 동작을 실행에 옮겼다.

'달려가서, 양손을 짚고, 몸을 아치 모양으로!'

"오!"

예상 밖으로 뭔가 될 것 같은 상황에 아이들 사이에서 탄성이 나왔다. 그러나 바로 다음 순간, 모두의 기대와 달리 나기의 몸은 매트 위에서 큰 아치를 만든 뒤 그대로 멈췄다. 나기는 그 상태에서 일어나기 위해 애썼지만 결국 힘이 빠지며 풀썩 무너지고 말았다. 백화란 선생이 미소 띤 얼굴로 말했다.

"아까워라. 조금만 더 연습하면 되겠다."

그 뒤로 인자와 지오 등 몇몇 학생이 깔끔하게 성공하고, 지수의 순서가 되었다. 지수는 지금까지 체육에서 타의 추종을 불허하는 능력을 보였다. 1학기 체력장에서 멀리 던지기 측정선을 아득히 넘긴 그의 투구는 지금도 종종 아이들 입에 오르내리고 있었다.

"간다아아아아앗!!"

힘찬 구령 소리와 함께 지수가 땅을 박차고 달려 나갔다. 지수가 두 손으로 매트를 짚는 순간 '광!' 하고 지금까지와는 차원이 다른 소리가 체육관을 울렸다. 지수의 몸이 공중으로 튀어 올랐다. 아이들은 입을 벌린 채 지수가 날아가는 궤적을 바라봤다. Y 자로 팔을 벌린 채 날아가는 지수의 모습은 마치 거대한 화살처럼 보였다. 바로 다음 순간, 지수는 그 모양 그대로 매트 위에 '펑!' 소리를 내며 떨어졌다. 얼마나 멀리 날았는지 무릎 아래쪽이 매트 밖에 나가 있을 정도였다. 충격적인 광경에 아이들이 모두 말을 잊은 사이, 지수는 어슬렁어슬렁 자리에서 일어나 T 자 모양으로 착지 자세를 취했다. 그제야 아이들 사이에서 폭소가 터져 나왔다.

체육 시간이 끝나고 발레부 아이들은 백화란 선생이 매트 정리하는 일을 도왔다. 지수와 함께 매트를 옮기던 나기가 지수에게 물었다.

"아까 진짜 괜찮았어?"

"어. 하나도 안 아프던데?"

"매트가 진짜 좋은 건가 보다."

"그러게. 초등학교 때 쓰던 그 꼬질꼬질한 매트였으면 꽤 아 팠을지도."

지수는 초등학교에서 쓰던 회색인지 흰색인지 구분하기 힘든 매트를 떠올리며 말했다.

"두께 차이인 건가?"

"매트가 흡수하는 충격량은 충격력과 충돌 시간을 곱한 건데 (I=Ft), 여기서 우리가 느끼는 충격은 충격력(F)에 가까워. 같은 충격량을 가할 때 충격력을 줄이려면 충돌 시간을 늘려야 하니 까(I=F↓t↑) 푹신한 소재로 두껍게 만드는 거지. 자동차 범퍼를 플라스틱으로 만드는 것도 같은 이유야."

"아 – 완전히 이해했어. 충격량이 뭔지만 빼고."

"충격량은 운동량의 변화량(I=Δmv)이기도 해. 운동량은 질량 과 속도를 곱한 값이야. 멈춰 있는 물체를 움직이든, 움직이는 물체를 멈추든, 운동량을 변화시키려면 충격량이 필요하지."

"홈, 그러니까… 아픈 건 충격량이 아니라 충격력에 따라 결 정되기 때문에, 같은 충격량일 때 충돌 시간이 길어지면 힘이 분산되어서 덜 아프다?"

"그렇지."

"…우리 이거랑 비슷한 말 어디서 보지 않았냐?"

"…아!"

지수와 나기는 거의 동시에 사물함에서 얻은 힌트를 떠올렸다. '시간이 길어질 때 고통은 줄어든다.'

두 사람은 체육 창고에 매트를 내려놓고 앞과 뒷면을 꼼꼼히 살피기 시작했다. 매트를 뒤적거리는 동안 지수는 나기에게 충격량에 대해 질문했다.

"있잖아, 그러면 대포나 총을 길게 만드는 것도 같은 이유인가?"

"그건 충격력이 일정할 때 작용하는 시간을 길게 해서 충격량을 늘리는 게 목표야($I\uparrow=Ft\uparrow$). 더 무거운 포탄을 날리거나 더 빠른 속도로 날리기 위해서라 관점이 조금 다르지."

"아하."

지수는 매트를 샅샅이 훑으며 나기의 이야기에 귀를 기울였다. 어렵고 지루한 과학 지식도 나기가 설명하면 재미있게 들렸다. 그렇게 나기의 설명에 빠져들던 찰나, 숫자만 달랑 적힌 매트 라벨이 지수의 눈에 들어왔다.

"어? 찾았다!"

그날 저녁, 발레부 아이들은 토성관의 기자재실B에 모였다.

"8, 4, 0, 9, 1, 6, #!"

지수가 번호를 누르자 '삐리릭!' 경쾌하고 짧은 멜로디와 함께 1번 사물함이 열렸다. 사물함 안에는 구리 선을 꼬아 만든 나무 4개가 들어 있었다. 안쪽 벽엔 하나만 가지고 가라는 안내문이 붙어 있었다.

"…뭐지 이건?"

지수는 나무를 들고 고개를 갸웃거렸다. 아이들이 구리 나무를 돌려 보던 중, 금슬이 뭔가 깨달은 듯 소리쳤다.

"아, 4번 사물함! 동빛 나무에 눈이 내릴 때! 그 동빛 나무가 이거 아닐까? 다른 사물함에도 이런 물건들이 들어 있나 봐!"

"아하!"

금슬의 추리에 아이들은 다 같이 짧은 탄성을 질렀다. 발레부 아이들은 앞으로 이곳을 '보물창고'라고 부르기로 했다.

순환

다음 날 점심시간, 지수가 말했다.

"내가 생각을 좀 해 봤는데."

"네가?!"

진심으로 놀란 것 같은 금슬의 반응에 아이들은 웃음을 터트렸다. 지수는 미간을 찌푸렸다.

"아 진짜… 일단 좀 들어 봐."

"어, 그래."

"4번 사물함 문제가 '동빛 나무에 눈이 내릴 때 새로운 길이 열린다'잖아. 구리 나무를 사물함 안에 있는 실험 기구 위에 올려놓고 얼음을 뿌리면 뭔가 일어나지 않을까?"

"…."

'그럴 리가?' 싶었지만, 아니라고 못 박기는 어려운 지수의 의

건에 모두의 표정이 미묘하게 변했다. 의논 끝에 아이들은 매점에서 감자 깎는 칼을 사고 식당에서 얼음을 얻어 보물창고로 향했다. 목성관에서 토성관으로 향하는 도중, 지오가 건물 벽에 있는 암모나이트 무늬를 발견하고 말했다.

"이게 뭐야? 여기에 웬 암모나이트?"

"밑에 삼엽충도 있는데?"

금슬이 아래쪽에 있는 다른 벽돌을 가리키며 말했다. 리나는 손가락으로 암모나이트 무늬가 있는 벽돌을 조심스럽게 만져 보며 물었다.

"진짜 화석일까?"

"이런 벽돌은 점토를 구워서 만드는 거라 진짜 화석은 아닐 거야."

나기가 답했다. 리나는 고개를 끄덕이며 주변을 둘러보다 지수가 힘껏 손을 뻗으면 닿을 정도 높이에 있는 다른 무늬를 발견했다. 암모나이트와 비슷해 보였지만 좀 더 작고 촘촘한 나선 무늬가 있었다.

"저 위에 있는 동그란 건 뭐야?"

"저건 화폐석이라는 신생대 생물이야."

"그렇구나. 그런데 여기에 이런 조각이 왜 있지? 혹시 다른 문제의 답이 아닐까?"

아이들은 혹시나 하는 마음에 주변을 찾아봤지만, 비밀번호는 나오지 않았다. 지수가 얼음이 담긴 비닐봉지 밑에 물이 고이는 것을 보고 아이들을 불렀다.

"야, 얼음 녹겠다. 다음에 다시 찾아보자."

잠시 후, 지수는 4번 사물함 안에 있는 실험 기구에 구리 나무를 올려놓고 감자 칼과 얼음을 양손에 쥐었다.

"자, 그럼 시작한다?"

"오케이!"

"아자자자자자자 -!"

지수가 감자 칼로 얼음을 깎아 내자 하얀 얼음 조각이 금세 구리 나무를 소복이 덮었다. 아이들은 혹시나 하는 마음으로 반응을 지켜봤지만 별다른 변화는 나타나지 않았다.

"어때?"

"음… 이건 답이 아닌 것 같아. 일단 2번이랑 3번 사물함 문제 풀기에 집중하자."

금슬은 고개를 저었다. 지수는 아쉬운 한숨을 내쉬며 구리 나무를 꺼냈다.

그날 오후엔 과학 수업이 있었다.

"전체 시스템이 원활히 유지되기 위해선 순환이 필요하다. 마치 우리 몸에 혈액이 도는 것처럼 지구 안에서 물질은 돌고 돈다. 지구에서 순환하고 있는 물질은 어떤 게 있을까?"

"물이요!"

금슬이 답했다. 공위성 선생의 지친 듯한 눈빛이 느릿하게 금슬을 향하자, 금슬은 자신도 모르게 숨을 멈추고 손으로 입을 가렸다.

"그렇지. 물이 있다. 땅과 바다에 있는 물은 증발을 통해 대기로 이동하고, 대기에 있는 물은 구름을 만들고 비가 되어 땅으로 내려온다. 땅에 있는 물은 여러 생물의 생명수가 되고, 지하수나 강을 통해 바다로 돌아간다. 이 순환의 가장 큰 에너지원은 태양이다. 태양이 있기에, 물은 순환한다. 또 어떤 것이 순환할까?"

"탄소입니다."

인자가 답했다.

"탄소. 탄소도 순환한다. 공기 중에 있는 이산화탄소는 물에 녹아 탄산수소 이온(HCO_3^-)이나 탄산 이온(CO_3^{2-})이 된다. 이 이온들은 물속의 칼슘 이온과 만나 석회암이나 다른 탄산염 광물을 만든다. 조개나 산호의 껍질도 이렇게 만들어진다. 식물이나 조류는 이산화탄소, 물, 햇빛을 통해 광합성을 한다.

이때 광합성으로 만들어진 탄수화물은 먹이 사슬의 중요한 시작점이 된다. 이렇게 생물권으로 흡수된 탄소는 호흡할 때 내뿜는 이산화탄소 형태로 대기에 배출되거나 생물의 유해 또는 배설물의 형태로 땅으로 돌아간다. 운이 좋으면 석유나 석탄 같은 화석 연료가 될 수도 있겠지. 또 어떤 것이 있을까?"

교실엔 정적이 흘렀다. 공위성 선생의 구둣발 소리만이 심장 박동처럼 아이들의 귓가를 울렸다. 지금 교실은 원활한 순환이 멈춘 상태 같았다. 공위성 선생이 나기의 앞을 지날 때쯤 걸음을 멈추고 물었다.

"이름이… 분명… 백악기?"

"…주나기입니다."

아이들이 웃음을 참는 동안 공위성 선생은 혼자 아깝다는 듯 헛기침을 했다.

"흠, 그래. 물과 탄소 말고 순환하는 게 또 뭐가 있지?"

"…질소가 있습니다."

"백… 주나기 군의 말처럼 질소도 순환한다. 질소는 대기의 약 78%를 차지할 만큼 흔한 원소지만 반응성이 낮아 다른 물질과 좀처럼 직접 반응하지 않는다. 이것이 다른 형태로 변화하려면 번개처럼 강력한 에너지나 질소고정균*의 도움이 필요하

★ 화합물 속에서 화학적으로 결합하지 않는 유리 질소를 고정하는 미생물.

다. 대표적인 질소고정균인 뿌리혹박테리아는 콩과 식물의 뿌리에 들어가 공생하면서 질소를 암모니아 형태로 바꾸어 식물에 공급한다. 콩은 이 암모니아를 이용해 단백질과 아미노산을 만든다. 이 단백질은 먹이 사슬을 통해 생물에서 생물로 전해지다가 생물들이 죽은 뒤엔 분해되어 대기로 돌아간다.”

“아.”

설명을 듣고 있던 리나가 자신도 모르게 짧은 감탄사를 냈다. 공위성 선생은 잠깐 리나 쪽을 돌아봤지만 리나가 가볍게 고개를 숙이자 시선을 다시 앞으로 돌렸다.

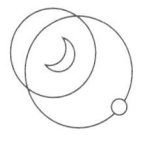

방해꾼

  수업이 모두 끝나고, 발레부 아이들은 각종 작물을 키우고 있는 텃밭을 찾아갔다. 텃밭은 뒷산으로 이어진 산책로 아래쪽에 있었다. 지수가 성큼성큼 앞서가며 리나에게 물었다.

  "여기에 콩밭이 있을 거란 말이지?"

  "응, 내 생각에 2번 사물함의 '공기가 땅에 스민다'는 말은 뿌리혹박테리아의 작용을 말하는 것 같아."

  잠시 후 도착한 텃밭은 생각보다 넓었다. 운동장 절반 크기의 텃밭 주변엔 비닐 온실과 토끼 사육장도 있어서 전체 면적은 운동장과 비슷하거나 조금 작을 듯했다.

  "와, 예뻐라! 너흰 이름이 뭐니?"

  리나는 사육장 앞에 앉아 토끼들을 구경했다. 사육장 안에는 6마리의 토끼가 그늘에서 더위를 피하고 있었는데, 색깔도 크기도 제각각이었다. 그 중에서도 가장 눈길을 끈 건 태어난 지 얼마 안 된 듯한 하얀색 새끼 토끼였다. 금슬이 리나 옆에 앉으며 소리쳤다.

"꺅! 너무 귀여워!"

"이 학교를 만든 사람들은 동물을 좋아하는 것 같아."

"그러게. 이렇게 토끼도 있고."

"동물 조각상도 많잖아. 화성관에 고양이 조각상 봤어?"

"고양이 조각상도 있어?"

"응. 금색 실타래를 가지고 노는 하얀 고양이 조각이 있는데 완전 귀여워."

금슬과 리나가 귀여움에 관한 대화에 빠져 있는 동안, 지수는 손으로 햇빛을 가리며 밭 주변을 둘러봤다. 방울토마토와 고추, 그리고 몇몇 이름 모를 작물들이 보였지만 콩이다 싶은 건 보이지 않았다.

"콩… 콩… 안 보이는데?"

지수가 콩을 찾아 두리번거리고 있을 때 지오는 한쪽 무릎을 꿇고 앉아 작물들을 살펴봤다.

"와, 어떻게 이렇게 키웠지?"

텃밭에 있는 작물들은 하나같이 병충해 흔적도 없는 데다가 열매도 다부지게 열려 있었다. 특별한 비료라도 쓴 건지, 아니면 품종이 좋은 건지, 비결을 배울 수 있다면 배우고 싶을 정도였다.

"야, 지오야, 방울토마토만 보지 말고 너도 콩 좀 찾아봐."

"응? 저기 있잖아, 콩."

지오가 몇 이랑 너머를 손가락으로 가리켰다. 지수는 눈을 크게 뜨고 발돋움까지 했지만, 뒤편에 보이는 건 무성한 초록색 이파리뿐이었다.

"저게 콩이라고?"

지수는 고개를 갸웃거리며 지오가 가리킨 방향을 따라 걸어갔다. 몇 걸음 앞까지 다가가자 잎사귀 사이에 숨은 콩깍지들이 모습을 드러냈다. 지수는 지오를 향해 엄지손가락을 번쩍 들어 보였다.

"오! 과연 영농 후계자!"

그로부터 15분 뒤, 아이들은 고개를 갸우뚱거리며 팻말 근처에 모였다. 분명 가설은 맞다고 생각했는데 어디에도 힌트가 보이지 않았다. 지수가 내내 숙이고 있던 허리를 쭉 펴며 지오에게 물었다.

"아니, 왜 안 보이지?"

"그러게, 분명 여기일 텐데…."

지오도 현재 상황을 납득할 수 없다는 듯 찬찬히 주변을 돌아봤다.

"…잠깐만."

지오가 콩에 대한 정보가 적혀 있는 팻말로 다가서며 말했다. 다른 팻말과 달리 이 팻말만 기둥 아래쪽이 흙으로 봉긋하게 덮여 있었고, 주변의 흙을 긁어모은 흔적도 희미하게 남아 있었다. 팻말 아래를 덮고 있는 흙을 걷어 내자, 기둥에 적혀 있던 비밀번호가 드러났다. 지오의 행동을 지켜보고 있던 지수가 버럭 역정을 냈다.

"와, 이건 출제자가 좀 너무한 거 아냐?!"

"…아니, 이건 아주 최근에 한 짓이야. 아마도 힌트 찾기를 방해하기 위해서."

"뭐?"

긴장된 공기가 아이들 사이에 흘렀다. 처음엔 누가 무엇을 위해서 이런 짓을 한 건지 이해가 되지 않았지만, 용의자를 떠올리는 데는 그리 오랜 시간이 걸리지 않았다. 금슬은 아지트에 남아 있던 낙서를 떠올리며 소리쳤다.

"조커!"

"맞아! 그놈이 있었지!"

지수가 분한 듯 발로 땅을 찼다.

"그 녀석이 먼저 사물함에 있는 물건을 몽땅 챙겨 가는 거 아니야?!"

지오의 의견에 모두의 얼굴이 사색이 되었다. 아이들은 서둘러 보물창고로 달려갔다.

해수 어항

잠시 후 발레부 아이들은 2번 사물함에서 1000ml 비커를 손에 넣었다. 지수가 안도의 한숨을 내쉬며 말했다.

"아, 다행이다. 안 없어졌네."

"저기 CCTV 덕분인 것 같아."

지오의 말대로 보물창고엔 2대의 CCTV가 설치되어 있었다. 누군가가 강제로 사물함을 뜯거나 내용물을 훔쳐 가는 불상사를 막기 위한 것 같았다.

"그래도 어떤 훼방을 당할지 모르니 좀 더 서두르는 게 좋겠어. 우리가 앞서 나가면 상대방도 방해하기 어려울 테니까."

금슬이 아이들을 돌아보며 말했다. 아이들은 모두 각오를 다진 듯 함께 고개를 끄덕였다.

잠시 후, 아이들은 식당에서 함께 저녁을 먹었다.

"말이 나온 김에, 3번 사물함의 '배추가 노인이 되는 마법의 연못'에 대해 생각해 보자. 아이디어 있는 사람 있어?"

지오의 질문에 아이들의 눈이 자연스럽게 나기를 향했다. 지난 학기 첫 번째 비밀을 풀 때 가장 눈부시게 활약한 사람이 나기였기 때문이다.

"아⋯ 나는 떠오르는 게 없는데."

나기는 머쓱해 하며 앞머리를 손으로 빗어 내리며 눈을 피했다. 짧은 적막이 흐르고, 생각에 잠겨 있던 지오가 주먹 아랫부분을 손바닥에 부딪치며 중얼거렸다.

"배추, 노인, 주름살, 쭈글쭈글⋯ 소금, 소금물!"

"소금물? 소금⋯ 바다⋯ 해수⋯ 연못⋯ 해수 어항!"

금슬이 지오의 힌트를 이어갔다. 두 사람은 서로를 칭찬하듯 공중에서 손바닥을 마주쳤지만, 리나와 지수는 아직 상황을 파악하지 못하고 있었다. 리나가 나기에게 물었다.

"왜 해수 어항이야?"

"세 번째 문제는 삼투압에 관한 건가 봐. 생물의 세포는 반투막으로 되어 있어서 농도가 낮은 쪽에서 높은 쪽으로 물만 이동하는 성질이 있거든. 이때 물이 이동하는 힘을 삼투압이라고 해. 식물 뿌리가 땅에서 물을 빨아들이는 건, 땅보다 식물 내부의 농도가 높기 때문이야. 만약 바닷물처럼 소금기가 많은 물을 주면 식물 안에 있는 물이 빠져나와 시들겠지. 소금물에 배추를 넣으면 쭈글쭈글하게 변하는 것도 같은 이유야."

"아, 뭔지 알 것 같아!"

리나는 김장을 돕던 일을 떠올리며 손뼉을 쳤다. 아삭아삭한 배추에 소금을 뿌리고 한나절쯤 지나면 배추는 흐물흐물하고 쭈글쭈글한 모습으로 변했다. 리나는 나기가 이런 내용을 알기 쉽게 설명해 주는 것도 신기했지만, 이 정도 정보를 알고 있는 나기가 힌트를 바로 풀지 못한 건 조금 의외라고 생각했다. 나기가 친구들에게 말했다.

"해수어라면 어디 있는지 알아."

나기가 친구들을 데리고 간 곳은 목성관 1층 중앙 현관이었다. 그곳엔 형형색색의 물고기들이 헤엄치고 있는 대형 수조가 놓여 있었다.

"근데 나기야, 어항이라면 여기 말고도 많은데 이게 해수인 건 어떻게 알아?"

지수의 질문에 나기가 어항 안의 물고기들을 하나하나 짚어 가며 말했다.

"크라운 피시, 옐로우 탱, 엔젤 피시… 이 물고기들은 전부 바다에 사는 종류들이야."

"아하."

아이들은 주변에서 힌트를 찾기 시작했다. 잠시 후, 나기가 수조 아래쪽에서 의심스러운 금속판을 찾았다.

"지오야, 이것 좀 같이 봐 줄래?"

"뭔데?"

나기가 가리키는 곳엔 손가락 2개 정도 크기의 금속판이 붙

어 있었지만, 금속판엔 아무 글씨도 써 있지 않았다.

"자세히 보면 글자 흔적이 있어. 손톱에 걸리는 자국도 있고."

지오는 손을 뻗어 손톱 끝으로 금속판의 표면을 더듬었다. 나기의 말대로 손톱에 걸릴 정도의 고랑이 이곳저곳에 남아 있었다. 음각으로 숫자가 새겨진 금속판을 누군가가 사포로 갈아낸 모양이었다.

"조커 이 치사한 자식…!"

상황을 파악한 아이들은 머리를 맞대고 방법을 고민했다. 잠시 후, 지수가 종이 밑에 동전을 놓고 연필로 문질러 본을 뜨는 놀이를 떠올리고 손가락을 튕겼다.

"앗! 애들아, 우리 종이를 대고 연필로 긁어 보는 건 어때? 그럼 남은 흔적이 좀 더 분명하게 보일 것 같은데."

"아, 그거! 프로타주 기법!"

아이들은 지푸라기를 잡는 심정으로 수조 밑의 금속판에 종이를 대고 연필로 살살 긁었다. 몇 번의 시행착오 끝에 금슬이 4~5개의 숫자를 알아볼 수 있는 탁본을 뜨는 데 성공했다.

"됐다! 아얏!"

금슬은 종이를 들고 벌떡 일어나다가 수조에 머리를 부딪혔다. 얼마나 세게 부딪혔는지 수조 안의 물고기들도 놀라 물을 챌 정도였다. 아이들이 큰 소리로 괜찮냐고 물었지만, 눈앞이 번쩍번쩍하는 충격에 금슬은 뒤통수를 감싸고 바닥에 웅크린 채 아무 말도 할 수가 없었다.

"어떡하지?! 보건실? 보건실!"

웅크리고 있는 금슬을 지수가 번쩍 안아 들었다. 금슬은 지수의 행동에 몹시 당황했지만, 꿈에 그리던 '공주님 안기'를 상상하며 잠자코 있기로 했다. 하지만 지수는 금슬이 웅크린 자세 그대로를 상자 들듯이 들고 냅다 달리기 시작했다.

‘공주는 무슨. 내 인생이 그럼 그렇지.’

가뜩이나 아픈 머리가 더 지끈거리는 것 같아 금슬은 눈을 감았다.

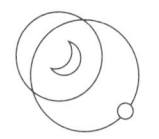

땅딸보 소녀

금슬은 보건실에서 받은 얼음 주머니를 뒤통수에 대고 보물 창고로 향했다. 혹이 나긴 했지만 심각한 부상은 아니라고 들었다. 하지만 갑자기 어지럽거나 할 수 있으니 혹시 모를 상황을 대비해 지수와 지오가 그녀의 양옆을 지켰고, 나기와 리나는 몇 걸음 뒤에서 걷고 있었다. 금슬이 투덜거리며 지수에게 말했다.

"내가 무슨 짐짝이니? 그렇게 들고 뛰게?"

"그럼 어떻게 들어?"

"공주님 안기 몰라?"

"야, 그건 공주님한테 하니까 공주님 안기지. 나무 막대기만 있었으면 너는 내가 이렇게 묶어서 옮겼어."

지수가 손과 발을 묶어 나무에 대롱대롱 매다는 시늉을 하자 금슬은 걸음을 멈추고 제자리에 우뚝 섰다. 금슬의 눈에 금세 눈물이 그렁그렁 맺혔다. 수조에 된통 부딪혔을 때도 보인 적 없던 눈물이었다. 당황한 지수는 허둥지둥거리며 말을 얼버무리려 했지만 이미 뱉은 말은 주워 담을 수 없었다.

"아, 농담인데 왜 울고 그러냐."

"…!"

금슬은 입술을 앙다문 채 발걸음을 돌려 다시 보건실 쪽으로 성큼성큼 걸어갔다.

"야, 연금슬! 어, 어디가?"

"너희끼리 가! 난 보건실에 있을 거야!"

당황한 지수는 눈빛으로 주변에 도움을 청했지만, 친구들은 고개를 절레절레 흔들었다.

잠시 후, 보건실을 찾아간 지수는 문을 나서는 보건 선생과 마주쳤다. 가운에 파란색 자수로 새긴 '봉수정'이라는 이름을 보고 지수는 자기만큼이나 특이한 성이라고 생각했다.

"아, 금슬이 데리고 온 친구구나. 선생님은 잠깐 회의에 다녀오려고 하는데, 혹시 급한 일이 생기면 교무실로 와 주겠니?"

"아, 네."

졸지에 금슬과 둘만 남게 된 지수는 심호흡을 한 뒤 보건실

안으로 들어갔다. 침대에 누워 있던 금슬은 문으로 들어서는 지수를 보고 몸을 반대로 돌려 누웠다.

"왜 왔어? 가."

"어떻게 우리끼리 가냐. 같이 가서 봐야지."

"됐어, 어차피 나 같은 건 있어도 그만 없어도 그만인데 뭐."

"무슨 소리야. 네가 없으면 지오가 아재 개그 칠 때 누가 극혐 표정을 지어 주겠냐? 내 드립은 또 누가 받아 주고."

"아아, 그래. 나는 그런 개그 캐릭터지."

금슬은 몇몇 만화의 개그 담당 캐릭터를 떠올렸다. 8등신 미남 미녀만 가득한 세계에서 주근깨투성이인 땅딸보 소녀. 위기 상황에서 여주인공이 넘어졌을 땐 반드시 누군가가 손을 내밀어 주지만, 개그 캐릭터는 폭발 속에서도 콜록거리며 알아서 탈출한다. 〈우당탕 마법 학원〉의 로제타와 에밀리처럼.

"나는 좋던데? 그런 캐릭터."

"뭐?"

"만화는 로제타나 에밀리 같은 캐릭터가 있어야 재밌잖아."

"네가 그 이름을 어떻게 알아?!"

금슬은 독심술에라도 당한 것 같은 기분에 깜짝 놀라 자리에서 일어났다.

"엉? 네가 가지고 온 만화책 중에 있어서 봤지. 재미있더라."

"난 네가 만화책 보는 거 한 번도 못 봤는데?"

"몰래 봤지. 안 어울리잖아. 내가 그런 걸 보고 있으면 얼마나 웃기겠냐?"

지수는 머쓱한 듯 뒷머리를 긁적이며 금슬의 시선을 피했다. 금슬은 지수의 모습에서 지난날의 자신을 봤다. 마이너한 만화 따위 모르는 척, 애니메이션은 유명한 극장판 작품만 몇 개 본 척하던 지난날의 자신. 직접 그린 그림이나 직접 쓴 글 같은 건 무덤까지 가지고 갈 생각이었던 지난날의 자신. 금슬은 동지가 생겼다는 기쁨과 주변의 편견에 대한 분노를 동시에 느끼며 소리쳤다.

"그게 뭐가 문제야? 만화책 보는 게 죄도 아닌데!"

"그런가?"

"그럼! 좋아하는 게 있다는 게 왜 부끄러워? 좋아할 수도 있지! 진짜 좋아한다면, 당당하게 말할 수 있어야 해! 난 만화책이 좋다! 난 애니메이션이 좋다!"

"…그런 거였어?"

"당연하지! 난 글 쓰는 게 좋다! 난 그림 그리는 게 좋다!"

"난 네가 좋다."

순간, 세상이 멈춘 것 같은 몇 초가 지났다. 일말의 흔들림 없이 금슬을 바라보는 지수의 두 눈동자는 방금 들은 말을 의심

77

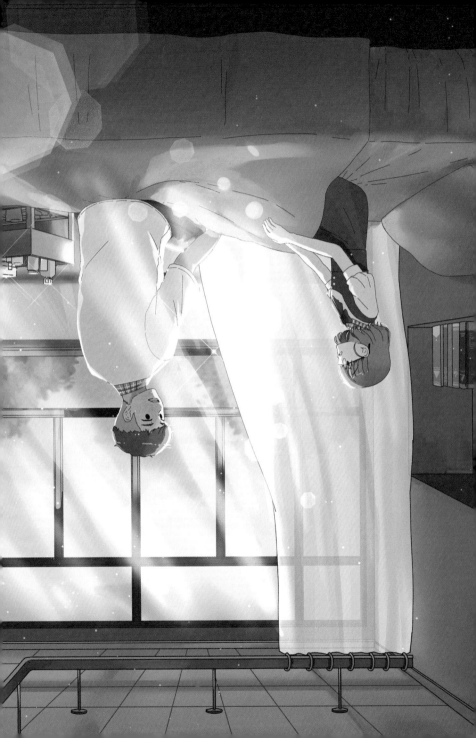

할 여지를 주지 않았다.

"난 네가 좋아."

지수가 한 번 더 못을 박듯 말했다. 메아리치듯 들려오는 벽걸이 시계의 초침 소리는 금슬의 대답을 재촉했다. 하지만 금슬은 이런 순간에 대한 대비가 전혀 되어 있지 않았다. 누군가가 누군가에게 고백하는 장면은 수도 없이 상상하고 글로도 써 봤지만, 그 주인공이 자신이었던 적은 단 한 번도 없었다. 한참을 고민하던 금슬은 어렵게 입술을 뗐다.

"나… 나는…."

"…."

"나는, 3번 사물함에 뭐가 들어 있을지 궁금하다!"

"……뭐?"

"어서 확인해 보고 싶다! 가자! 출발!"

금슬은 도망쳤다. 언제나 스포트라이트를 받는 사람들을 부러워했는데, 막상 자신에게 스포트라이트가 쏟아지자 기쁨보다는 두려움이 앞섰다. 금슬은 지수가 화를 낼까 걱정하면서도 제멋대로 나가는 발걸음을 멈출 수 없었다.

일시 정지

잠시 후, 금슬과 지수는 매점에서 기다리고 있던 친구들과 합류했다. 리나가 반색하며 물었다.

"둘이 잘 화해했어?"

"어? 으응."

금슬이 손으로 뺨을 긁적이며 시선을 피했다. 지수는 조금 더 뚱한 표정으로 주머니에 손을 넣은 채 먼 곳을 쳐다보고 있었다.

다섯 사람은 탁본을 들고 보물창고로 향했다. 비밀번호 6개 중 4개는 확실히 알 수 있었지만 나머지 2개가 문제였다. 하나는 위가 둥글게 생겼다는 것만 알 수 있었고, 나머지 하나는 전혀 알 수 없었다. 금슬이 탁본을 살펴보며 중얼거렸다.

"이 숫자는 0, 3, 6, 8, 9 중에 하나 같은데…. 그럼 거의 50번쯤 해 봐야 알 수도 있겠다."

"잠깐만! 나한테 좋은 생각이 있어!"

밖으로 달려 나간 지수는 잠시 후 분필 하나를 손에 들고 돌아왔다.

"이렇게 분필 가루를 내서 후- 날리면….'

지수가 검지와 엄지로 분필을 비비자 분필 가루가 손바닥 위에 푸스스 떨어졌다. 분필 가루를 디지털 도어 록에 입김으로 날리자 버튼 중 몇 개에 하얗게 달라붙었다. 이전에 누군가가 누른 버튼에 남아 있는 손 기름기 때문인 듯했다. 금슬이 손뼉을 치며 감탄했다.

"앗! 이거 〈고난의 명탐정〉에서 나왔던 거잖아?"

"정답!"

선택지가 좁혀진 덕에 비밀번호는 그리 많은 시행착오 없이 풀렸다. 3번 사물함 안엔 800ml 용량의 질산은 용액 4병이 들어 있었다.

"질산은, 비커, 구리 나무… 아하!"

금슬은 나기가 메고 있는 가방에서 이전에 얻은 아이템들을 꺼냈다. 그리고는 4번 사물함 안에 있는 실험 기구 위에 비커를 올려놓고 그 속에 구리 나무를 넣은 뒤, 질산은 용액을 천천히 부었다. 리나가 호기심 가득한 눈으로 금슬이 하는 행동을 지켜보다 물었다.

"이러면 어떻게 돼?"

"구리는 질산은 용액에 있는 은보다 이온화 경향성*이 커. 그러니 구리는 녹아서 이온이 되고 이온 상태인 은은 금속 형태로 석출될 거야! 동빛 나무에 내리는 눈은 석출된 은을 말하는 거였어!"

금슬의 말대로 구리 나무 표면에 반짝이는 은색 금속 조각이 조금씩 맺히기 시작했다. 잠시 후 은색 조각들은 가루처럼 부스러지며 나무 밑에 쌓였고, 투명한 용액은 점점 푸른빛으로 변했다.

"어? 용액 색깔이 점점 변하는데?"

"구리 이온(Cu^{2+})이 푸른색이기 때문이야. 그 밖에도 크롬산 이온(CrO_4^{2-})은 노란색, 과망간산 이온(MnO_4^-)은 보라색을 나타내."

용액 전체가 파란색으로 변할 때쯤 '동빛 나무에 눈이 내릴 때 새로운 길이 열린다'는 메시지만 반복되던 액정이 잠시 꺼지더니 새로운 메시지가 나왔다.

'축하합니다. 비커는 그대로 10번 사물함에 넣어 주세요. 10번 사물함 비밀번호 810810#.'

★ 용액(주로 수용액)에서 원소의 이온이 되기 쉬운 정도를 말한다.

메시지가 한 번 더 반복된 뒤, 실험 기구 밑에서 학생증 크기의 카드 하나가 튀어나왔다.

"뭐지 이건?"

"사물함 카드 키 같은데?"

금슬은 카드를 꺼내 5번 사물함에 가져다 댔다. 그러자 지금껏 아무 반응 없던 잠금 장치 액정에 붉은색 글씨가 나타났다.

우물 안 요정의 얼굴을 붉게 물들여라.

"오, 뜬다!"

"나머지 사물함도 한번 확인해 볼까?"

잠시 후, 아이들은 새로운 5개의 문제를 손에 넣었다.

5번. 우물 안 요정의 얼굴을 붉게 물들여라.

6번. 감자는 나의 시간을 빠르게 한다.

7번. 나는 사슬의 처음과 끝을 잇는 사슬.

8번. 시간이 뒤집힌 곳에서 발밑을 보라.

9번. 마지막 실마리를 찾아라.

"혹시 뭔가 아이디어 떠오르는 사람?"

지오가 아이들을 돌아보며 말했다. 전혀 짚이는 곳이 없어 보이는 지수와 리나를 지나 지오의 시선은 나기를 향했다. 나기는 미간을 잔뜩 찌푸린 채 힘겨운 숨을 내쉬고 있었다.

"나기야, 너 어디 아파?"

"아니, 괜찮아."

"괜찮다니, 하나도 안 괜찮아 보이는데…."

"…촉매, 효소, 아니야, 벤젠, 공명 구조, 먹이 사슬, 아니… 난…!"

다음 순간, 나기가 머리를 감싸 쥐고 자리에 주저앉았다. 아이들은 무릎 사이에 얼굴을 묻은 채 알 수 없는 말을 중얼거리는 나기를 걱정스럽게 지켜봤다. 리나가 소리치듯 물었다.

"어쩌지? 보건실이라도 데려갈까?"

"아니, 잠깐만. 잠깐만 기다려 보자."

지수가 아이들을 진정시켰다. 지수도 나기의 이런 모습을 보는 건 처음이라 당황스럽기는 마찬가지였지만, 지금 섣불리 옮기면 상황을 악화시킬 수 있을 것 같았다.

잠시 후, 정신을 차린 나기는 걱정스러운 표정으로 자신을 바라보는 아이들과 마주했다.

"…시간이 얼마나 지났어?"

"그렇게 오래되진 않았어. 10분? 15분?"

리나가 답했다. 나기에게 다가간 리나는 무릎을 잡고 있는 나기의 손에 자신의 손을 올리며 다정한 목소리로 물었다.

"나기야, 혹시 무슨 일 있어?"

"어머니가… 어머니가 우셨어."

뜬금없는 나기의 대답에 아이들은 고개를 갸웃했지만 일단 참을성 있게 이어질 말을 기다렸다.

"내가 생각에 빠져 있는 동안 어머니는 내내 혼자였어. 나는 매일 어머니가 해 준 밥을 먹고 어머니의 도움을 받았으면서 어머니가 어떻게 지내는지는 관심도 없었어. 내가… 내가 어머니를 아프게 했어."

나기는 고개를 떨궜다. 리나는 나기의 손을 통해 희미한 떨림을 느꼈다.

"사실, 너희와 함께했던 기억도 뚝뚝 끊겨 있을 때가 많아. 분명 함께 있었는데 나는 모르는 일들이 점점 많아지고, 정말 행복했던 시간조차 뭉텅뭉텅 날아가 버려. 나는… 나는 더는 그러고 싶지 않아. 나는 너희와 함께 있는 지금을 기억하고 싶어."

나기는 끝내 울음을 터트렸다. 리나는 남은 손으로 나기의 등을 가만히 쓸어내렸다. 지수가 리나의 반대편에서 나기의 어깨를 토닥였다. 금슬은 나기의 머리를 쓰다듬어 줬다. 지오는 나기의 등에 가만히 손을 올렸다. 나기는 태어나서 가장 크게 목놓아 울었다.

그날 이후 발레부의 비밀 풀기는 중단되었다. 나기를 혼란스럽게 만들고 싶지도 않았고, 나기를 빼고 비밀을 풀 생각도 없었기 때문이다. 비밀 풀기가 아니어도 함께 즐길 수 있는 일들은 많았다. 아이들은 시간이 날 때마다 아지트에 모여 만화책을 보거나 과자를 먹었고, 특별 활동에도 열심히 참여했다.

"에이샤페, 에이샤페, 앙트르샤, 앙트르샤."

최근 발레부에선 간단한 점프와 턴을 배우기 시작했다. 기본 자세 연습을 지루해하던 지수도 이런 동적인 자세 연습에는 흥미를 보였다. 물론 흥미가 곧 실력의 발전을 가져오는 건 아니었다.

"허이짜! 허이짜!"

"이상한 기합 넣지 않기-"

백화란 선생은 검지를 입술 앞으로 들어 보이며 눈웃음을 지었다. 발레를 이렇게 즐겁게 가르쳐 본 게 얼마 만일까. 아이들과 있는 시간은 백화란 선생의 어린 시절을 떠올리게 했다. 천으로 된 발레 슈즈를 신고 허리에 튜튜를 두른 것만으로 발레리나가 된 것 같았던 그 시절의 반짝이는 감정이 가끔은 손에 잡힐 듯 가깝게 느껴졌다.

특별 활동 마무리 시간, 아이들이 폼롤러로 몸을 풀고 있을 때 백화란 선생이 리나를 손짓으로 불렀다.

"네?"

리나가 가까이 오자, 백화란 선생은 잘 손질된 토슈즈를 건네줬다.

"잘 맞을 것 같은 모델로 오래 쓸 수 있게 감침질도 해 놨어. 다음엔 같이 피팅 숍에 가 보자."

리나는 한동안 멍하니 손안의 토슈즈를 바라봤다. 토슈즈의 겉면은 매끈하고 부드러운 실크로 되어 있었지만 생각보다 무겁고 단단해서 다소 이질적인 느낌도 들었다. 바닥에 닿는 플랫폼 부분은 두꺼운 실로 꼼꼼하게 보강이 되어 있었고, 바닥이나 리본 부분에도 백화란 선생의 손길이 느껴졌다.

"…감사합니다!"

정신을 차린 리나는 고개를 꾸벅 숙이며 인사했다. 뒤늦게 코끝이 찡해지며 눈가에 눈물이 맺혔다. 감출 수 없는 눈물을 멈추려 이리저리 눈을 굴리는 리나를 보며 백화란 선생은 가볍게 웃었다.

경쟁

9월 중순이 되었다. 인자는 오랜만에 기자재실B를 찾았다. 그는 6번과 7번 사물함을 열어 내용물이 그대로 있는지 확인했다. 나기 팀이 앞서 나가지 못한 걸 확인한 인자는 안심하고 발걸음을 돌렸지만, 복병은 여전히 남아 있다고 생각했다. 자신의 팀은 현재 8번 사물함 문제 풀이의 막바지에 있었지만, 5번 사물함의 '우물 안 요정의 얼굴을 붉게 물들여라'에 대해서는 아직 마땅한 단서를 찾지 못하고 있었다.

'혹시 나기 팀은 문제를 순서대로 푸느라 막혀 있는 것처럼 보이는 게 아닐까? 5번 문제가 풀리면 순식간에 따라잡혀 버리는 건 아닐까?'

인자는 이 불안을 떨치려면 최대한 빨리 문제를 푸는 수밖에 없다고 생각했다. 하지만 이 문제에 몰두하자니 중간고사가 코앞에 다가와 있었고, 올림피아드 본선도 착실하게 가까워지고 있었다. 인자는 신경질적인 몸짓으로 서전과 부만에게 메시지를 보냈다.

8번 문제 답은 아직도 못 찾았어?

ㅇㅇ. 아직 찾는 중.

서전이 단체 메시지 방에 답장과 함께 몇 개의 사진을 올렸다. 벽에 새겨진 암모나이트, 삼엽충, 화폐석 따위의 화석 사진들이었다.

"…"

인자는 한숨을 내쉬고 스마트폰을 주머니에 넣었다가 고개를 갸우뚱하고는 다시 꺼내 들었다. 대화 목록을 거슬러 올라가자 오늘 올라온 사진과 좌우가 반전된 똑같은 사진이 있었다. 힌트를 찾으러 다니는 척하기 위해 이전에 있던 사진을 뒤집어 보낸 게 분명했다. 인자는 뿌득 소리가 나게 이를 갈며 서전에게 전화를 걸었다.

잠시 후, 세 사람은 금성관 뒤편 공터에 모였다.

"왜 불렀는지 알지?"

"아니, 우리도 열심히 찾고 있는데 좀처럼…."

"열심히? 너 지금 나랑 장난하자는 거야? 이거랑, 이거. 이게 뭐하는 짓이야?"

인자는 스마트폰을 꺼내 오늘 받은 사진과 예전에 받은 사진을 서전의 눈앞에 번갈아 내밀었다. 정곡을 찔린 서전은 얼굴에서 핏기가 사라지고 다리까지 후들후들 떨기 시작했다.

"아니… 내가… 착각을…."

"착각? 좌우 반전까지 해서 보내 놓고 착각?"

인자의 고함 소리에 힘없이 떨리던 서전의 무릎이 풀썩 꺾였다. 서전은 그대로 바닥에 주저앉아 인자에게 하소연했다.

"중간고사 준비 때문에 내가 미쳤었나 봐. 미안해, 다신 안 그럴게."

"하아…."

인자가 눈을 질끈 감은 채 한숨을 내쉬자 상황을 지켜보던 부만이 끼어들었다.

"너무 걱정하지 마. 발레부 녀석들은 우리 발 뒤꿈치도 못 쫓아올 테니까."

"뭐? 그걸 어떻게 확신해?"

"내가 힌트를 전부 없앴거든. 어설픈 방법으론 안 되는 것 같아서 아예 찾을 수 없게 만들었지."

"하…! 하아… 정말…"

기가 차서 웃던 인자는 정색하고 부만을 바라봤다. 어쩌다 골라도 이런 놈들만 골랐을까. 인자는 황당하다 못해 혐오감마저 느꼈다. 인자의 표정에 화가 난 부만이 소리쳤다.

"경쟁이란 게 원래 이런 거잖아! 수단 방법 가리지 않고 악착같이 싸우는 거!"

"완전 아니거든? 하긴, 너는 평생을 가도 이해 못 하겠지만."

인자는 코웃음을 치며 가방 안에서 프린트 한 뭉치를 꺼내 부만과 서전 앞에 던졌다. 원래는 당근과 채찍 중 당근용으로 쓸 자료였지만, 이제는 의미가 달라졌다. 따로 제본되어 있지 않은 프린트는 낱장으로 떨어져 사방팔방으로 날렸다.

"야, 이거 먹고 떨어져. 앞으로 가능한 내 눈에 띄지 말고."

서전은 눈앞에 떨어진 프린트를 확인했다. 시험 때마다 인자가 공유했던 요점 노트의 사본으로 보였다. 다른 점이라면 이전에 봤던 것들보다 훨씬 꼼꼼하게 서로 다른 글씨체로 각주 처리가 되어 있었다. 서전은 이것이 인자 친위대가 돌려 보는 비밀 자료임을 직감하고 서둘러 흩어진 프린트를 주웠다. 부만이 서전에게 소리쳤다.

"야, 넌 자존심도 없냐?!"

"자존심은 자존심이고 이건 이거지."

서전이 프린트를 줍는 동안 인자는 기숙사 방향으로 몸을 틀었다. 뭐라도 한 방 먹여 주고 싶던 부만은 인자의 뒤통수에 대고 소리쳤다.

"그래! 혼자 열심히 해 봐! 그런데 어쩌냐? 네가 그토록 신경 쓰는 나기는 문제에 관심도 없던데."

"…뭐?"

인자가 발걸음을 멈췄다. 부만은 인자의 정곡을 찔렀다고 확신했다.

"내가 같은 방이라 잘 알아. 나기는 지금 문제에 관심도 없어! 지난 학기엔 계속 중얼거리면서 힌트를 찾았는데 지금은 애들이랑 놀러 다니고 운동하느라 바쁘거든."

부만의 말은 모두 사실이었다. 혹시 5번 문제의 힌트를 찾을까 싶어 방에 있는 나기의 쓰레기통까지 뒤졌던 부만이었다. 하지만 인자는 부만의 말을 애써 무시했다. 나기가 중간에 포기했다는 말도 믿고 싶지 않았고, 부만에게 자신의 모든 행동이 나기를 의식한 것이라는 인상을 주고 싶지도 않았다.

"그러든가 말든가."

인자는 그 한마디를 남기고 기숙사로 돌아갔다. 부만은 인자의 모습이 완전히 사라진 것을 확인한 뒤 서전과 함께 프린트를 주웠다.

복구

다음 날, 인자는 부만이 힌트를 없앤 장소들을 찾아다니며 원상 복구를 시작했다. 그 첫 번째가 된 것은 6번 사물함의 '감자는 나의 시간을 빠르게 한다' 정답이 있는 보건실이었다.

"안녕하세요, 선생님."

"인자구나. 어쩐 일이니?"

"친구들이랑 간단한 실험을 하려 하는데 과산화수소를 좀 얻을 수 있을까요?"

"그럼. 물론이지."

인자가 미리 준비해 간 작은 비커를 들어 보이자, 보건 선생은 별다른 의심 없이 캐비닛에서 과산화수소 병을 꺼내 줬다. 인자가 병을 받아들고 바닥을 확인해 보니 이전에 비밀번호가 있던 병이 아닌 다른 병이었다. 인자는 커튼 뒤에 비커를 놓고 과산화수소를 따르는 척하며 재빨리 매직으로 병 바닥에 6번 사물함의 비밀번호를 적어 놓았다.

"과산화수소로 무슨 실험을 할 생각이니?"

"촉매나 효소가 존재할 때 과산화수소의 분해 속도가 달라지는지 실험을 해 보려고 해요. 촉매는 아이오딘화칼륨을 쓸 생각이고, 효소는 감자를 쓸 생각이에요."

"감자가 왜 과산화수소의 분해 속도를 빠르게 하는지도 찾아봤니?"

"그럼요. 감자에 있는 카탈레이스라는 효소가 분해 반응의 활성화 에너지를 낮춰 주잖아요."

"맞아. 카탈레이스는 원래 세포 안에 생긴 활성 산소를 제거하기 위한 효소인데, 과산화수소를 분해하는 데도 아주 효과적이지. 카탈레이스는 동물의 간에도 많이 존재하니 실험할 기회가 생기면 한번 비교해 보렴."

"네, 감사합니다. 안녕히 계세요."

인자는 보건 선생에게 과산화수소 병을 돌려주고 보건실을 나섰다.

다음으로 인자는 화성관에 있는 과학 사진 전시관을 찾았다. 과학 사진 전시관은 과학을 주제로 한 다양한 사진이 모여 있는 곳으로 UV 발광, 엑스레이, 편광 현미경 등을 활용해 촬영한 아름다운 사진들이 전시되어 있었다. 이곳은 7번 사물함의 '나는 사슬의 처음과 끝을 잇는 사슬' 정답이 있는 장소였다.

인자는 전시관 안쪽에 있는 거대한 흑백 사진을 찾았다. 동글동글한 이파리가 잔뜩 달려 있는 나무처럼 생긴 사진은 얼핏 보면 브로콜리처럼 보이기도 했고, 달리 보면 안개꽃 다발처럼 보이기도 했다. 사진의 제목은 '죽음의 꽃'이었고 곰팡이의 전자 현미경 촬영 이미지라는 설명이 붙어 있었다. 본래 이 설명 판 아래 공백에 7번 사물함의 비밀번호가 적혀 있었지만, 지금은 그 자리가 검은색 시트지로 가려져 있었다. 설명 판의 공백에 정확하게 같은 폭의 시트지를 얼마나 감쪽같은 솜씨로 붙여 놓았는지, 원래 모양을 알고 있던 인자마저 당황할 정도였다.

"이런 노력을 할 시간에 힌트나 좀 찾으란 말이야."

인자는 한숨을 내쉬며 손톱으로 시트지 모서리를 긁었다. 손톱이 짧은 탓인지 시트지는 생각처럼 쉽게 떨어지지 않았다. 한참을 깔짝거린 끝에 시트지를 모두 뗐을 때, 뒤에서 인기척이 들려왔다.

"거기서 뭐 하는 중이지?"

화들짝 놀라 돌아본 곳엔 공위성 선생이 평소와 같은 표정으로 인자를 내려다보고 있었다.

"아… 무슨 사진인지 설명을 보고 있었어요."

"눈이 많이 나쁜가?"

"아니요, 그런 건 아닌데… 혹시 이 사진 제목이 왜 죽음의 꽃인지 아세요?"

인자는 화제를 돌리기 위해 공위성 선생에게 질문을 던졌다.

"분생 포자 부분의 모양을 보면 이건 아스퍼질러스플라버스라는 곰팡이의 일종으로 보인다. 이 곰팡이는 밀이나 콩 같은 곡물에서 자라고 아플라톡신이라는 독소를 만들어 내지. 아플라톡신에 오염된 음식은 치명적인 중독 증상을 일으키는데, 소량이라도 오래 섭취하면 간암의 위험성을 높일 수 있다. 아플라톡신의 위험성이 알려지기 전인 1960년대까지는 곰팡이에 오염된 사료를 먹은 짐승들이 집단 폐사하는 사건이 종종 있었다. 이 사진의 제목이 '죽음의 꽃'인 건 그런 이유가 아닐까?"

"아… 곰팡이가 그렇게 위험한 존재였군요?"

"곰팡이도 곰팡이 나름이다. 수많은 인간의 생명을 구한 항생제 페니실린은 페니실리움 크리소게눔이라는 푸른곰팡이에서 추출한 물질이다. 아스페르길루스 테레우스라는 곰팡이에서는 로바스타틴이라는 콜레스테롤 저하제를 얻을 수 있다. 의약품과 관련된 분야 외에도 발효 식품이나 폐기물 처리 분야에서 곰팡이는 적극적으로 연구되는 대상이다."

"선생님은 어떻게 그런 걸 다 기억하세요?"

"공부했으니까."

'아, 그러시군요.'

인자는 속으로 쓴웃음을 삼켰다. 인자도 천재 소리를 듣는 데는 익숙했지만, 막상 공위성 선생 같은 사람을 보면 자신은 천재가 아닌 것 같다는 의구심이 들었다. 하지만 그렇다고 해서 다른 사람들이 자신을 평범한 사람으로 여기게 둘 생각은 없었다. 누구도 부정할 수 없는 압도적인 성과를 내면 천재라는 평가는 자연스럽게 따라온다. 지금까지 그랬던 것처럼, 앞으로도 그럴 것이다.

"곰팡이의 가장 큰 역할은 유기물을 분해해서 다른 생물들이 활용할 수 있는 양분 형태로 되돌리는 일이다. 곰팡이가 없다면 세상은 금세 짐승 사체와 쓰레기들로 가득 차겠지. 죽은 생물에서 피어나는 생명이라는 의미에서도 '죽음의 꽃'은 어울리는 제목이라고 생각한다."

공위성 선생의 설명을 들으며 인자는 다시금 '나는 사슬의 처음과 끝을 잇는 사슬'이라는 문제를 떠올렸다. 처음엔 빨리 문제를 풀 생각만 했지만, 곱씹을수록 많은 메시지가 담겨 있는 문제라고 생각했다.

"그럼, 들어가 보겠습니다."

“음.”

공위성 선생은 사진에서 눈을 떼지 않은 채 콧소리만으로 인자의 인사에 답했다. 인자는 시트지를 무사히 제거했다는 안도감에 가슴을 쓸어내리며 걸어갔다. 그때, 공위성 선생이 뒤에서 인자를 불렀다.

“아, 100점.”

“…!”

“이름이 뭐였지?”

“이인자입니다.”

“음.”

공위성 선생은 인자를 향해 고개를 한 번 끄덕이더니 다시 사진 쪽으로 시선을 돌렸다. 인자는 다시 한번 고개를 꾸벅 숙여 인사하고 전시관을 나섰다. 복도를 따라 걷는 동안 뭐라 설명하기 힘든 감정이 가슴에 차올랐다. 기쁘기도 하고 서럽기도 한, 벅차오르면서도 가슴이 조이는 이 느낌이 무엇인지 인자는 알 수 없었다.

진화

주말이 지나고 화요일, 과학 시간이 돌아왔다.

"오늘은 진화에 대해 이야기하겠다."

공위성 선생은 수업 중에 종종 지금처럼 창밖을 처다봤다. 몇몇 아이는 공위성 선생의 시선을 따라 창밖을 살펴보기도 했지만, 그가 무엇을 보고 있는 건지는 알 수 없었다.

"진화란, 여러 세대를 거쳐 이루어지는 생물의 변화 현상이다. 공작의 꼬리가 점점 커진 것이나, 기린의 목이 점점 길어진 것 등이 진화의 예시다. 진화가 반드시 더 나은 방향으로 발전한다는 뜻은 아니다. 퇴화 또한 진화의 한 부분이며, 어떤 진화는 생물의 생존에 불리한 방향으로 작용하기도 한다. 공작을 예로 들어 보자. 화려한 꼬리, 정확히는 화려한 허리 깃털을 가진 수컷과 교미하는 것은 암컷이 우수한 유전자를 손에 넣는 좋은 전략이었을 것이다. 화려한 색깔과 풍성한 깃털은 수컷이 유전적 결함이 적고 영양 상태도 양호함을 뜻하기 때문이다. 이런 번식 경쟁의 결과, 화려한 허리 깃털을 가진 수컷들만 자손을 남기게 되면서 진화의 방향성이 나타났다. 종의 분화 초기엔 닭과 크게 다르지 않은 모습이었지만, 약 3000만 년의 시간 동안 1m가 넘는 허리 깃털을 가진 형태로 변화한 것이다. 하지만 공작의 꼬리가 앞으로도 계속 커질 것이라고 단정하기는 어렵다. 어느 수준 이상으로 커진 꼬리는 눈에 잘 띄는 데다가 몸을 무겁게 만들어 먹이를 사냥하는 것도, 포식자로부터 도망치는 것도 어렵게 만들기 때문이다. 결국 너무 화려한 꼬리를 가진 개체는 번식기를 맞이하기 전에 도태되고, 변화는 정체기를 맞이한다."

공위성 선생은 이후에도 다양한 진화 예시를 설명했다. 그중엔 꼬리뼈나 동이근 같은 사람의 신체 기관에 대한 것도 있었다. 다양한 예시 중에서 아이들의 흥미를 끈 건 겸형적혈구 빈혈증에 대한 내용이었다.

"생물에게 불리한 형질이라도 환경에 따라서는 진화의 방향성이 되기도 한다. 겸형적혈구 빈혈증은 헤모글로빈 단백질을 구성하는 아미노산의 구성에 변이가 일어나 발생하는 유전 질환이다. 본래 헤모글로빈은 가운데가 좀 눌린 원판 모양이지만,

이 질환이 있는 사람의 헤모글로빈은 낫 모양이라 낫 겸(鎌) 자를 써서 겸형적혈구라고 한다. 겸형적혈구는 산소를 운반하는 능력이 떨어지고 쉽게 파괴되기 때문에 빈혈을 일으키지만 정상 헤모글로빈과 다른 막투과성* 때문에 말라리아에 대한 저항성을 가지는 장점도 있다. 말라리아는 우리에게 낯선 질병이지만, 유행하는 지역에서는 매년 수십만 명이 사망하는 무서운 전염병이다. 이 같은 이유로 말라리아가 흔한 지역에선 겸형적혈구 유전자를 가진 사람의 비율이 다른 지역보다 높게 나타난다. 지금까지 열거한 사례들에서 알 수 있듯이, 진화의 가장 큰 원동력은 경쟁이다. 번식 경쟁, 서식지 경쟁, 혹은 생존 경쟁 등 경쟁이 치열할수록 변화는 가속된다. 치타가 400만 년 전에도 시속 130km로 달릴 수 있었을까? 나는 아니라고 확신한다."

공위성 선생의 설명을 들으며 인자는 자신이 생각하는 경쟁의 본질에 대한 생각을 정리할 수 있었다. 패배에 대한 공포는 노력의 원동력이 된다. 사자는 토끼를 잡는 데도 최선을 다한다는데, 그건 사자도 토끼를 놓칠 가능성이 있기 때문이다. 100% 잡을 수 있는 손쉬운 사냥감이라면 사자도 굳이 최선을 다하진 않을 것이다. 반대로 패배가 너무 확실한 상황에서도 노력할 의욕은 사라진다. 가장 치열하게 노력하기 위해선 승패를

---

* 세포막과 같은 막을 투과할 수 있는 성질.

예측할 수 없는 박빙의 상황이어야 한다. 자신의 능력 100%를 넘어서는 힘은 그런 박빙의 승부에서 발휘되는 것이다. 인자는 다시 공위성 선생의 수업에 집중했다.

"진화는 오랜 세월 꾸준하게 일어나기도 하지만, 어느 한순간에 격변할 수도 있다. 특히 세균처럼 세대 교체가 빠른 생물의 경우 가혹한 환경에 적응할 수 있는 우연한 변이가 나타나면, 그것은 순식간에 보편적인 개체로 자리 잡는다. 대표적인 사례가 항생제 내성 세균, 속칭 슈퍼 박테리아다. 세균이 항생제 내성을 획득하면 기존의 약물로는 치료가 어렵고, 다른 사람에게 전파되어 사회에 큰 혼란을 일으킬 수도 있다."

슈퍼 박테리아에 대한 설명을 들으며 인자는 부만과 서전을 떠올렸다. 편법과 꼼수, 부정에 찌든 미꾸라지들. 이런 부류 몇몇이 끼어들면 경쟁은 순식간에 진흙탕 싸움이 된다. 압도적인 실력 차이가 없다면 손해를 보는 건 늘 정정당당하게 경쟁에 임한 사람이기 때문이다.

'그런데 어쩌냐? 네가 그토록 신경 쓰는 나기는 퍼즐에 관심도 없던데.'

두 사람에 대해 생각하자, 부만이 마지막으로 했던 말이 다시금 떠올랐다. 힌트를 복구해 놓은 지 벌써 4일이 지났지만, 사물함의 물품들은 여전히 그대로 남아 있었다.

'설마 일부러 물품을 안 찾아서 나를 방심시키려는 건가?'

새로운 가능성 쪽으로 생각이 미치자, 인자는 순간적으로 등골이 오싹해지는 느낌을 받았다. 상대가 언제 쫓아올지 확인하느라 계속 뒤를 돌아보고 있었는데, 상대는 이미 다른 길로 앞질러 가 버린 후라면? 인자는 자신도 모르게 손톱을 잘근잘근 씹었다.

그 뒤로 인자는 나기와 다른 발레부 아이들 주변을 맴돌며 정보를 수집했다. 며칠 간의 조사 결과 나기와 친구들은 발레, 헬스, 만화책 등의 취미 생활 이야기나 중간고사에 관한 이야기만 나눌 뿐이었다. 인자는 나기 팀이 문제 풀기를 포기했다고 확신했다.

'왜지? 부만이 정답을 없애 버려서?'

가장 먼저 든 생각은 방해 공작에 막혀서 포기했을 가능성이었지만, 그것만으로는 석연치 않은 점이 많았다. 이 문제들은 어디까지나 학교에서 준비한 것이고, 몇몇 선생님의 관리 아래에 있을 터였다. 방해 공작이 명확한 경우 정식으로 문제 제기를 할 수도 있었을 것이다.

'설마 질 것 같아서?'

이 가설도 가능성은 있어 보였다. 부만이 남긴 흔적이나 사물함에 남은 물건의 개수를 통해 상대가 자신보다 앞서 있다는 건 쉽게 알 수 있을 테니.

인자는 당장이라도 나기에게 달려가 따지고 싶은 마음을 참았다. 첫째로는 부만이 저지른 방해 공작을 자신이 한 짓으로 오해받는 게 싫었고, 둘째로는 발레부 아지트에 남겨 놓은 조커 사인이 부끄러웠다.

'그땐 멋있다고 생각했는데….'

인자가 머리를 거칠게 헝클어트리며 부끄러운 감정을 털어 내려 애쓰는 동안 나기와 친구들은 교실 한쪽에 모여 웃음꽃을 피우고 있었다. 오늘의 화제는 지수와 지오의 다리 찢기 경쟁인 듯했다.

"그래서 둘이 다리를 맞대고 찢는데 바짓가랑이가 동시에 쫙!"

"와하하하!"

무리를 보며 한심한 듯 고개를 젓던 인자의 눈이 활짝 웃고 있는 나기의 얼굴에 멈췄다. 인자가 기억하는 나기는 저런 표정을 지은 적이 없었다. 늘 누군가의 눈치를 살피거나 멍하니 생각에 잠겨 있을 뿐, 교실에서 웃거나 화를 내는 모습은 본 적이 없었다. 1학기 내내 나기를 의식하고 있었기에 알 수 있는 사실이었다. 나기가 제대로 웃는 모습을 본 건 방학식 날 한 번뿐이었다.

"그런데 지수의 찢어진 가랑이 사이로 호랑이 얼굴이 떡!"

"어이, 빨간 팬티! 내가 그거 말하지 말랬지!"

"미안, 슈퍼맨은 넌데 내가 빨간색을 입어서."

"야! 넌 언제 적 일을…!"

"아아! 그거! 큭큭큭….."

지오와 지수의 대화를 듣고 눈물까지 찔끔거리며 웃는 나기를 보고 인자는 나기가 문제 풀기를 그만둔 세 번째 가능성을 떠올렸다.

'그냥. 재미가 없어서. 흥미를 잃었다.'

이 가설보다 지금의 상황을 더 정확하게 설명할 가설이 없다는 게 인자는 너무나 화가 났다.

엇갈림

10월 초, 중간고사가 일주일 남은 무렵 리나는 아지트에서 발레 연습을 하고 있었다. 토슈즈만 신으면 단숨에 멋진 동작을 할 수 있을 거라는 기대와 달리 새롭게 신경 써야 할 부분이 끝도 없이 나타났다. 산 넘어 산이라는 건 이럴 때 쓰는 표현 같았다.

'발등을 더 밀어야 해. 몸은 더 끌어 올리고…!'

리나는 거울 속에 비친 자신의 모습을 들여다봤다. 이 거울은 아직 비어 있는 3학년 건물(해왕성관) 복도에 있던 큰 거울을 빌려 온 것이었다. 책꽂이 옆에 놓인 거울은 눈에도 거슬리고 받침대가 통로 쪽으로 삐져나와 오가기도 불편했지만, 친구들은 거울 옮기는 일부터 모든 일을 불평 한마디 없이 도와줬다. 리나는 그런 친구들이 너무나 고마웠다.

운동복에 다 스미지 못한 땀이 마루에 떨어질 무렵, 핸드폰
알람이 울렸다. 오후 5시. 나기와 도서관에서 만나기로 한 시간
이었다. 리나는 황급히 갈아입을 옷을 챙겨서 수성관에 있는
샤워실로 향했다.

"늦어서 미안!"
리나는 토론실 문을 열고 들어서며 말했다. 다 말리지 못한
머리엔 물기가 남아 있었다.
"아니야, 괜찮아."
나기는 읽고 있던 책을 책상 위에 내려놓았다. 친밀한 관계
형성을 위한 대화 비법에 관한 책이었다. 리나는 나기의 왼편
에 앉아 교과서를 꺼낸 뒤, 젖은 머리를 왼쪽 어깨 앞으로 쓸어
내렸다. 반듯하고 얇은 목덜미가 환하게 드러나자 나기는 자신
도 모르게 숨을 멈췄다가 뒤늦게 깊은 숨을 들이마셨다. 복숭
아향 샴푸 냄새가 코를 간지럽혔다. 나기는 그 향기가 무척이나
매력적이라고 생각했다. 그러고 보니 방금 읽은 책에서 상대방
과 만났을 때 새로운 부분을 칭찬하라는 구절이 있었다.
"샤, 샤…."
"응?"
"…샴푸."

"샴푸?"

"샴푸 어떤 거 써?"

"어? 이거 샤워실에 있는 거라 잘 모르겠는데? 왜? 냄새 많이 나?"

리나는 어깨 밑으로 내려온 머리카락을 집어 코에 대고 냄새를 맡았다. 별다른 냄새는 느껴지지 않았지만, 냄새가 나지 않는 건지 이미 익숙해진 건지 모를 일이었다. 예상과 다른 리나의 반응에 나기는 '좋은 향기가 나서'라고 말을 바로잡으려 했지만 '샴푸'라는 단어도 간신히 꺼낸 마당에 그런 용기는 남아 있지 않았다.

"아니, 그냥."

이후 두 사람은 한 시간 정도 공부를 한 뒤 식당에서 간단하게 밥을 먹고 다시 자리로 돌아왔다.

"세포막을 통해 물질이 이동하는 방식엔 삼투 말고도 확산이 있어. 삼투는 농도가 낮은 쪽에서 높은 쪽으로 용매가 이동하지만, 확산은 농도가 높은 쪽에서 낮은 쪽으로 물질이 이동해. 확산을 통해 이동하는 대표적인 물질로는 포도당이나 산소가 있어."

"…"

나기의 설명을 듣던 리나는 미간을 찌푸렸다. 설명이 이해되지 않아서가 아니라 자꾸 감기는 눈꺼풀 때문이었다. 요 며칠 공부를 빨리 마치고 발레를 하고 싶다는 생각 때문에 집중이 안 되어서 오늘은 발레를 먼저 했는데, 수업을 마치자마자 두 시간 동안 발레를 하고 시험 공부를 하는 건 좀 무리한 일정이었다는 생각이 뒤늦게 들었다.

'밥을 먹은 게 실수였어.'

리나는 허벅지를 꼬집으며 잠을 쫓았지만, 이미 온몸의 혈액은 뇌 대신 소화 기관과 지친 근육들로 몰려간 후였다.

"하지만 산소와 포도당의 이동 경로는 좀 달라. 산소처럼 작은 물질은 인지질 이중층을 통과할 수 있지만, 포도당처럼 큰 물질은 막단백질이란 통로를 통해서만 이동할 수 있기 때문이야. 인지질을 통한 확산량은 농도 차이가 클수록 계속 증가하지만, 막단백질을 통한 확산은 속도의 한계가 있어서 어느 한계 이상으로 증가할 수 없어. 대신 막단백질엔 이동을 촉진하는 효과가 있어서 작은 농도 차이에서도 빠르게 물질을 통과시킬 수 있지. 그래서 이 두 가지를 그래프로 그려 보면 농도가 낮을 때는 막단백질을 통한 확산이 빠르다가, 농도가 높아지면 인지질을 통한 확산이 더 빨라져."

연습장에 그래프를 그리고 있던 나기의 어깨에 무언가가 '툭' 하고 떨어졌다. 조금 전 맡았던 복숭아향이 다시 진하게 피어

올랐다.

"…리나야?"

당황한 나기가 리나를 불렀지만, 리나는 아무 반응이 없었다. 상황을 파악한 나기는 조심스럽게 두 팔꿈치를 책상 위로 올려 몸을 지탱했다. 나기는 눈을 감고 집중했다. 이 향기, 온기, 무게와 떨림, 숨소리… 그리고 두근거림. 나기는 이 순간의 모든 것을 기억하고 싶었다.

비슷한 시각, 지수는 체력단련장에 있었다. 평소 이 시각엔 몇 명의 학생이 나와 운동을 했지만, 중간고사가 가까워지면서 하나둘 자취를 감추더니 오늘은 지수 혼자만이 남았다.

"와- 이거 뭐 전세네, 전세!"

지수는 신난 표정으로 20kg짜리 원판을 양손에 하나씩 들고 벤치로 걸어갔다. 오늘은 전완근과 승모근까지 포함한 상체 풀코스를 소화할 각오였다.

지수가 한창 운동에 열중하고 있을 때, 누군가가 혀를 차며 다가왔다.

"혹시나 하고 와 봤더니 진짜 여기 있었구나?"

벤치 프레스를 하고 있던 지수는 고개만 살짝 돌려 목소리의 주인공을 바라봤다. 금슬이었다.

"어? 네가 여기 웬일이냐?"

"왜, 나는 여기 오면 안 돼?"

"한 번도 안 오다가 갑자기 오니까 그러지."

지수는 '후-' 하고 숨을 내쉬며 다시 바벨을 들어 올렸다. 숨을 쉴 때마다 몸통이 크게 부풀었다 꺼져서 근육의 움직임이 더욱 과장되어 보였다. 그 모습을 홀린 듯 바라보던 금슬은 눈을 감고 고개를 휘휘 털고는 지수에게 물었다.

"중간고사 준비는 안 해?"

"지금 하고 있잖아."

"이게 무슨 중간고사 준비야?"

"번개가 치려면 뇌운(雷雲)이 필요한 법이지."

"…쉽게 말해서 벼락치기 하기 전에 노는 거다?"

"역시 척하면 딱이야."

말을 마친 지수는 자리에서 일어나 바벨 양쪽에 10kg 원판을 하나씩 더 끼웠다. 지수는 잠시 숨을 고른 뒤 벤치에 누워서 바벨을 들어 올렸다. '후-' 하고 내뿜는 숨에서는 조금 전과 다른 압력이 느껴졌다.

"너는 내가 왜 좋아?"

"후- 밥 잘 먹지, 후- 재미있지, 후- 리액션 죽이지."

"…그게 다야?"

"후- 머리 좋지, 후- 귀엽지, 후- 근육 좋아하지."

"그, 근육 안 좋아하거든?"

목표한 개수를 다 채운 지수는 바벨을 랙에 올려놓았다. '터텅-' 하고 묵직한 금속음이 주변을 울렸다. 지수가 벤치에서 일어나 금슬의 앞에 섰다. 금슬보다 한 뼘 이상 큰 지수가 일어나자 금슬은 지수의 얼굴을 올려다볼 수밖에 없었다.

"야, 네가 좋아하는 건 당당하게 말할 수 있어야 한다며?"

"근육 진짜 안 좋아해! 징그러워!"

"이게 징그러워?"

지수는 자신의 운동복 상의를 명치 있는 곳까지 끌어올렸다. 갑옷처럼 갈라진 복근이 땀에 젖어 번들거렸다. 지수가 숨을 쉴 때마다 꿈틀거리는 복근은 거대한 뱀의 비늘처럼 보이기도 했다.

"와우… 뭐, 뭐 하는 거야?!"

자신도 모르게 감탄사를 내뱉던 금슬은 뒤늦게 정신을 차리고 손으로 얼굴을 가렸다. 지수는 상의를 내리고 근처에 걸쳐뒀던 수건으로 목에 흐르는 땀을 닦으며 말했다.

"야, 그냥, 내가 너 좋다고. 그게 뭐가 문제야?"

"문제라기보다는…."

금슬은 지수의 말을 곰곰이 생각했다. 지금까지 자신의 마음을 무겁게 만든 감정의 정체는 무엇일까? 왜 자신은 지수를 찾아 이곳에 왔을까?

일단 지수를 찾아온 이유는 의무감이었다. 만화에서도 상대방에게 고백을 받았으면 좋든 싫든 답을 해야 했다. 잠시만 생각해 보겠다고 시간을 끌면 자칫 사망 플래그로 이어질 수도 있었다. 그럼에도 불구하고 답을 할 수 없는 건 두려움 때문이었다. 자신의 대답에 따라 지금의 생활과 관계가 무너져 버릴 것 같은 두려움. 금슬이 좋아하는 작품 속 주인공들은 서로의 마음을 확인하면 바로 엔딩을 맞이했다. 하지만 현실은 '나도 네가 좋아'라고 말해도 계속해서 이어진다. 상대방의 싫은 점을 새롭게 발견하거나 누군가의 마음이 식어도 계속해서 이어진다. 금슬은 종점을 알 수 없는 기차에 올라타는 것 같은 상황이 너무나 두려웠다.

금슬의 표정에 어두운 기색이 스치자 지수는 단백질 보충제를 단숨에 비운 뒤 말했다.

"야, 너는 네가 좋아하는 캐릭터가 너한테 뭘 해 주길 기대하냐?"

"어? 아니?"

"내 마음도 그래. 뭘 그렇게 어렵게 생각해?"

금슬은 머릿속에 전구가 반짝 켜진 것 같은 기분이었다. 좋아한다는 감정이 꼭 연애 감정을 의미하는 건 아니었다. 만화 캐릭터나 연예인처럼 그냥 좋아하는 대상도 있는 것이다.

"아하! 그런 '좋아'였구나? 난 또…!"

금슬은 마음이 놓인 듯 가슴을 쓸어내리며 지수의 팔뚝을 팡팡 두드렸다. 홀가분한 표정으로 체력단련장 밖으로 나가는 금슬의 뒷모습을 바라보던 지수가 혼잣말로 중얼거렸다.

"그럴 리가 있겠냐, 바보야."

"어? 뭐?"

지수의 목소리에 금슬이 뒤를 돌아봤다. 지수는 가슴이 철렁하는 것을 느꼈지만, 자신이 정말 뭐라고 했는지 궁금해하는 것 같은 금슬의 표정에 실망과 안도의 감정을 동시에 느꼈다.

"다음에 글 쓴 거 보여 달라고. 그림도 좋고."

"그건 좀 부끄러운데…. 에잇, 그러지 뭐!"

"그래, 들어가."

금슬이 떠나고, 지수는 다시 벤치에 누워 바벨을 들어 올렸다. 늘 들던 무게가 오늘따라 더 무겁게 느껴졌다. 잠시 힘을 쓰던 지수는 결국 바벨을 원하는 높이까지 들지 못하고 쿵 소리 나게 랙에 내려놓았다. 자리에서 일어난 지수는 양손으로 머리를 감싸 쥔 채 한참을 그대로 앉아 있었다.

요점 노트

며칠 후, 중간고사가 끝났다. 리나는 도덕에서 58점으로 낙제점을 받았다. 주요 과목도 아닌데다 1학기 시험이 어렵지 않아서 공부를 소홀히 한 탓이었다. 2학기 시험엔 철학에 관한 내용이나 사회적 현상에 관한 내용도 포함되어 있어서 공부하지 않고는 풀 수 없는 문제가 많았다.

리나는 책상에 엎드려 자책에 빠졌다. 보충 수업에 봉사활동 열 시간까지 채우려면 일주일은 걸릴 것이다. 봉사활동 기간엔 특별활동에도 참여할 수 없다. 고작 2점이 부족해서 치러야 할 대가로는 너무 가혹하다고 생각했다.

초상집 분위기인 리나와 반대로 지수는 쾌재를 부르고 있었다. 1학기엔 국어와 영어에서 계속 낙제점을 맞았는데, 이번엔 영어에서만 낙제점을 맞은 것이다.

"역시 만화책 읽은 보람이 있네!"

반 평균이 80점을 넘나드는 상황에서 낙제점을 면했다고 좋아하는 지수를 속으로 한심하게 생각하는 아이들이 많았지만, 누구도 그것을 티 나게 표현하진 않았다. 뒷담화는 고소하지만 목숨을 걸 가치까진 없기 때문이다.

잠시 후, 종례 시간이 되어 담임인 하유아 선생이 들어왔다.

"이번 중간고사에서 우리 반이 1등을 했네? 반장이 요점 노트도 나눠 주고 많은 도움을 줬다고 들었어. 수고해 준 인자에게 모두 박수!"

모두가 열정적으로 박수를 보내는 가운데, 발레부 친구들은 물음표 가득한 표정으로 서로를 쳐다봤다. 반장이 나눠 줬다는 요점 노트 같은 건 본 적도, 들은 적도 없었다.

"이번 시험에서 성적이 많이 오른 친구들도 있고. 김서전, 주나기. 열심히 노력한 두 사람에게도 모두 박수!"

아이들은 모두 손뼉을 쳤지만, 좀 전과 같이 큰 박수는 아니었다. 발레부 친구들은 나기를 위해 열심히 손뼉을 쳤다.

종례 시간이 끝나고 짐을 챙기던 리나는 옆자리에 앉아 있는 민정에게 물었다.

"민정아, 아까 담임 선생님이 말한 요점 노트가 뭐야?"

"어? 어… 글쎄?"

갑자기 짐을 챙기는 민정의 손이 분주해졌다.

"내일 보자, 그럼!"

황급히 자리를 뜨는 민정을 보며, 리나는 뭔가 급한 볼일이 있는 건가 생각했다. 하지만 이후 몇 명에게 물어도 노트에 관한 이야기는 들을 수 없었고, 다들 당황한 표정으로 화제를 돌리거나 자리를 피했다.

'이상해.'

노트가 존재하지 않는 거라면 아까의 우렁찬 박수를 설명할 길이 없었다. 당사자에게 직접 확인해 보는 게 낫겠다고 생각한 리나는 곧장 인자를 찾아갔다.

"요점 노트?"

근처 자판기 앞에서 친구들과 음료수를 마시고 있던 인자는 아무 일도 아니라는 듯 웃으며 리나를 바라봤다.

"그냥 같이 공부한 애들 보라고 빌려줬는데 그걸 복사해서 돌려 본 모양이더라. 내가 따로 나눠 주거나 한 건 아냐."

리나는 태연하게 말하는 인자를 의심의 눈으로 쳐다봤다. 좀 전 아이들의 반응을 보면 이 일은 인자의 말처럼 작은 규모의 일이 아니었다. 무엇보다 선생님까지 알고 있는 일을 자신을 포

함한 발레부 전원만 까맣게 모르고 있었다는 점이 다분히 의
도적으로 느껴졌다. 리나의 적대적인 반응에 인자는 빈 깡통을
재활용 쓰레기통에 넣으며 실소했다.

"왜 그런 반응이야? 내가 뭘 잘못했나?"

"…"

리나는 하려던 말을 삼켰다. 인자가 자신과 친구들만 빼놓고
노트를 공유하고, 그 사실을 비밀에 부쳤다는 생각은 심증에
불과했다.

"같이 공부한 애들은 누구?"

"주로 올림피아드 준비부 애들이지. 우리 반에는 김서전, 오민
정…. 그 밖에도 몇 명 더 있고."

인자의 입에서 오민정이란 이름이 나왔을 때 리나는 자신의
귀를 의심했다. 요약 노트 이야기를 꺼냈을 때 황급히 가방을
챙기던 민정의 모습이 생생하게 떠올랐다.

다음 날부터 리나는 주변 아이들이 노골적으로 자신을 피한
다는 걸 느꼈다. 평소 살갑게 인사하던 친구들도 어색한 인사
와 함께 눈을 피했고, 자신이 근처를 지날 때면 신나게 떠들던
아이들 사이에 부자연스러운 침묵이 흘렀다.

"나랑 이야기 좀 해."

화장실에서 나오는 민정을 발견한 리나는 그대로 문을 막아섰다. 민정은 잠시 빠져나갈 구멍을 찾아 눈을 굴렸지만, 주변에 아는 얼굴이 보이지 않자 팔짱을 끼며 말했다.

"왜? 뭔데?"

리나는 잠시 심호흡을 하며 말을 골랐다. 지금 감정적으로 대응하면 원하는 대답도 들을 수 없고, 자신만 더욱 고립될 것이 뻔했다.

"나는 노트에 대해 따지고 싶은 게 아냐. 어차피 공부엔 큰 관심도 없고."

"…."

"하지만 그 노트 때문에 너나 다른 아이들과 분위기가 불편해지는 건 싫어. 갑자기 왜 이러는 거야?"

민정의 표정에 복잡한 감정이 스쳤다. 인자의 노트가 수면 위로 올라오기 전까지만 해도 두 사람의 관계는 제법 괜찮았다. 리나는 민정의 표정이 누그러지는 순간을 놓치지 않고 재빨리 발레극 〈지젤〉의 주인공을 생각하며 눈물을 짜냈다.

"내가… 너한테 뭔가 잘못했니?"

리나가 눈물을 흘리자 민정은 강한 양심의 가책을 느꼈다.

"아냐, 딱히 너 때문에 그런 건 아니야."

"나 때문이 아니라고?"

"네가 나기랑 친하게 지내니까 그런 거야."

"나기가 왜?"

"인자가 나기를 싫어하니까."

인자가 나기를 싫어해서, 나기와 친한 발레부는 인자의 노트를 받지 못했고 반 아이들은 다 함께 노트의 존재를 숨겼다. 인자가 요청해서든, 아이들의 자발적인 동의에 의해서든 그것이 이번 사태의 전모였다. 궁금했던 퍼즐의 모양새가 눈앞에 그려지는 듯했다. 하지만 여전히 곳곳엔 빈 공간이 남아 있었다.

"인자는 나기를 왜 싫어하는 거야?"

"그건 나도 몰라."

"그럼 너는 왜 다른 친구들한테 노트를 복사해 줬어? 정말 중요한 자료면 혼자만 보는 게 이득이잖아?"

"내가 받은 노트가 전부가 아니었거든."

민정도 그건 늘 궁금하게 여겼던 부분이었다. 인자는 이 모임 저 모임에 서로 다른 과목, 서로 다른 단원의 요점 노트를 뿌렸고 아이들은 그 노트를 모으기 위해 서로 복사본을 돌려보기 시작했다. 두 번의 시험을 통해 요점 노트의 적중률이 증명되면서 점점 더 많은 아이들이 노트를 원하게 되었다. 아이들은 다양한 경로로 요점 노트를 구하고 공유하는 과정에서 나름의 규칙을 만들어 냈다. 그중엔 인자가 기분이 상해 요점 노트 공유를 멈추는 일이 없도록 나기나 그 주변 사람에겐 노트가 가지 않도록 하자는 규칙도 있었다.

'정작 나기는 요점 노트엔 관심도 없을 것 같지만.'

리나는 속으로 생각했다. 나기는 최근 제대로 수업을 듣고 숙제도 꼬박꼬박했다. 그것만으로 들쑥날쑥하던 나기의 성적은 일제히 상승해서 전교 20등 안에 들었다. 나기는 마음만 먹으면 요점 노트가 아니라 교과서 전체도 암기할 수 있을 것이다.

리나는 민정에게 고맙다는 인사를 하고 교실로 돌아왔다. 리나는 이 이야기를 친구들에게 말해야 할지, 한다면 어디까지 말해야 할지 무척 고민되었다.

발버둥

시험이 끝나고 부만과 서전은 수성관 근처 자판기 앞에서 만났다. 서전이 부만에게 음료수를 건네며 물었다.

"앞으로 어떻게 할 생각이야?"

"글쎄."

부만은 말없이 바닥을 내려다봤다. 서전과 마찬가지로 부만도 이번 시험에서 좋은 성적을 냈다. 지난 시험에서는 아슬아슬하게 중간이었지만, 이번엔 전교 30등대로 올라섰다. 부만은 그 사실이 기쁘면서도 착잡했다.

부만이 생각하는 자신의 인생은 끝없는 내리막이었다. 영어 유치원에 다니던 부만은 자신이 천재라고 확신했다. 책을 좋아해서 또래 친구들보다 훨씬 많은 것을 알았고, 영어로 일상 대화를 할 수 있었으며, 두 자릿수의 곱셈을 암산으로 해냈다. 그런 자신이 초등 영재 학교에 가는 것은 당연한 일이라고 생각했다. 부만은 자신의 인생에 해외 유명 대학까지 가는 고속도로가 깔려 있을 거라 확신했다.

그러나 이후 6년 동안 부만에 대한 평가는 천재에서 범재로, 범재에서 흔해 빠진 1인까지 내려왔다. 부만은 그러한 평가에서 벗어나기 위해 점점 더 많은 시간을 공부에 쏟았다. 게임을 끊고, 친구를 끊고, 잠을 줄였다. 하지만 아무리 발버둥 쳐도 상황은 쉽게 나아지지 않았다. 부만은 재능이라는 밧줄 없이는 빠져나올 수 없는 늪에 빠진 것 같았다.

그 기분은 나기를 보고 확신으로 바뀌었다. 부만은 나기가 제대로 공부하는 모습을 한 번도 보지 못했다. 나기는 학교 공부와 관련 없는 책을 읽거나, 인터넷을 뒤적이거나, 친구들과 몰려다니며 알 수 없는 문제 풀기에 몰두했다. 처음 성적표를 받았을 때 부만은 자신의 성적이 평균보다 아래인 것보다 나기가 자신보다 좋은 점수를 받았다는 데 더 큰 충격을 느꼈다.

부만은 과학특성화중학교에서 남은 날들을 어떻게 버틸지 고민했다. 그리고 그 질문에 대한 답을 인자의 요점 노트에서 찾았다고 생각했다. 일반 공책 2권 분량 정도 되는 프린트엔 모든 과목에서 상위권을 노릴 수 있는 내용이 담겨 있었다. 글씨체를 보니 인자가 기본 틀을 쓰고 5~6명 정도가 뼈와 살을 보태서 만든 것 같았다. 인자가 반장 일에 올림피아드 준비까지 하며 전교 1등을 유지하는 건 이런 효율적인 분담 덕분이라고 생각했다. 종일 책상 앞에 앉아서 공부하던 때보다, 학교 안을 어슬렁거리다 받은 노트 2권으로 더 높은 성적을 거뒀다는 게 부만은 가슴 아팠다. 세상은 불공평하고, 노력이란 보잘것없다는 생각이 들었다. 하지만 그 모든 것보다 가슴 아픈 건, 다음 시험은 요점 노트 없이 이런 기분만 가지고 준비해야 한다는 현실이었다. 부만이 인상을 쓴 채 땅바닥만 쳐다보고 있자, 옆에서 음료수를 홀짝이던 서전이 부만에게 말했다.

"우리, 나머지 사물함 문제들 풀어 보지 않을래?"

"왜?"

"1등으로 풀면 뭔가 상품이 있다고 했잖아? 그 상품으로 인자랑 거래를 하는 거지."

"인자는 이미 관심 없을걸? 나기가 그만뒀다는 걸 알아서."

부만은 인자가 나기와의 경쟁을 위해 문제 풀기를 시작한 거라고 확신했다. 나기 이야기가 나올 때마다 인자가 짓는 표정에선 숨길 수 없는 불쾌감과 위축감이 드러났다. 다른 사람은 눈치채지 못할지라도 부만은 알 수 있었다. 그 표정은 자신이 인자나 나기에 대해 생각할 때 짓는 표정이었다.

"…그러니까 우리한테도 가능성이 있는 거 아냐?"

"무슨 소리야?"

서전은 전혀 다른 관점에서 문제를 바라보는 듯했다.

"나기도 그만뒀고, 인자도 그만뒀지. 근데 우리는 이제 세 문제, 아니지, 실제로는 두 문제만 더 풀면 되잖아?"

"…그렇지."

"1등 해서 생각보다 큰 상을 받으면, 어딘가엔 쓸모가 있지 않을까?"

부만은 서전의 말을 천천히 곱씹었다. 어쩐지 토끼와 거북이 이야기가 생각났지만, 생각보다 괜찮은 아이디어라고 생각했다.

"콜."

부만이 대답하자, 서전은 자신의 주먹을 부만의 가슴 높이에 들어 보였다. 부만은 이런 행동이 영 닭살 돋는다고 생각하면서도 주먹을 맞부딪쳤다. 이 문제를 풀기 시작한 이래 진심을 쏟고 싶어진 건 이번이 처음이었다.

며칠 후, 부만은 과학 수업을 듣고 있었다.

"산화의 산(酸) 자는 산소의 산과 같다. 영어로 산소는 옥시즌 (oxygen)이고, 산화는 옥시데이션(oxidation)이지. 단어에서 알 수 있듯이 산화 환원 반응은 역사적으로 산소와 연관성이 매우 크다. 과거엔 산소를 얻은 쪽이 산화, 산소를 잃은 쪽은 환원이라고 생각했다. 그런데 화학이 발전하면서 산화와 환원의 정의는 달라졌다. 현재는 전자를 잃는 반응을 산화, 전자를 얻는 반응을 환원이라고 한다. 전자를 기준으로 산화 환원 반응을 정의하게 된 데는 몇 가지 이유가 있다. 첫째로는 산화 환원 반응에 대한 지식을 산소가 관여하지 않는 반응에도 보편적으로 적용할 수 있었기 때문이고, 둘째는 산소보다 전기 음성도가 큰 플루오린(F)이란 원소가 발견되었기 때문이다. 플루오린은 산소로부터 전자를 빼앗아 이플루오린화산소(OF_2) 같은 화합물을 만들 수 있다. 이런 화합물이 포함된 산화 환원 반응은 산소의 이동으로 설명할 수 없다. 산화된 대상이 다름 아닌 산소 자신이기 때문이다. 반면 과거부터 현재까지 변하지 않는 정의는, 산화와 환원은 반드시 쌍으로 이루어진다는 것이다. 화학 반응에서 전자의 개수는 보존되기 때문에 누군가가 전자를 잃으면 누군가는 전자를 얻는다. 그것이 산화 환원 반응이 쌍으로 일어나는 이유다."

부만은 산화 환원 반응이 경쟁과 비슷하다고 생각했다. 누군가가 위로 올라가려면 누군가는 내려가야 한다. 사람이 많아지면 서로 엎치락뒤치락할 수는 있겠지만, 결국 전체 등수 변화의 총합은 ±0이 된다.

'경쟁이란 게 원래 이런 거잖아! 수단 방법 가리지 않고 악착같이 싸우는 거!'

'완전 아니거든? 하긴, 너는 평생을 가도 이해 못 하겠지만.'

부만은 인자와의 대화를 떠올렸다. 인자가 생각하는 경쟁과 자신이 생각하는 경쟁이 무엇이 다른지 부만은 아직 알지 못했다. 정정당당이니 선의의 경쟁이니 하는 것들에 대해서도 생각해 봤지만, 따지고 보면 인자가 평소에 하는 일들도 담합이나 편 가르기였다. 정말 공정한 경쟁이라면 각자의 힘으로 노력해야 하는 것 아닐까?

부만이 이런 생각에 빠져 있는 동안에도 공위성 선생의 수업은 계속되었다.

"산화제는 다른 물질을 산화시키는 물질로, 산화제 자신은 환원된다. 환원제는 다른 물질을 환원시키는 물질로, 환원제 자신은 산화된다. 어떤 물질이 산화되고 환원될지는 상대적인 문제이기 때문에 주로 산화제로 쓰이는 물질도 필요에 따라서는 환원제로 쓰일 수 있다. 자세히 설명하기엔 남은 시간이 부족하군. 다음 시간에 이어 말할 테니 질문이 있는 사람은 해라."

10초 정도의 적막이 흘렀다. 아이들은 여전히 노트 필기에 정신이 없었다. 공위성 선생은 아이들을 한 번 돌아본 뒤 창밖으로 시선을 돌렸다. 부만은 그의 시선을 따라 창밖을 바라봤다. 파란 하늘에 떠 있는 구름 사이로 한 줄기 비행기구름이 길게 뻗어 있었다.

'선생님이 생각하시는 올바른 경쟁의 기준은 무엇인가요?'

부만은 공위성 선생에게 묻고 싶었다. 나기에게도 같은 질문을 하고 싶었다. 자신과 같은 상황일 때 그들은 어떤 감정을 느끼고 어떻게 행동할지 묻고 싶었다. 하지만 그들이 '자신과 같은 상황'을 이해할 수 있을 거라는 생각은 들지 않았다. 멀쩡한 사람이 잠시 눈을 감는다고 시각 장애인의 삶을 이해할 수 없듯이 천재가 평범한 사람의 발버둥을 이해할 리 없다. 부만은 자신의 비유가 썩 괜찮다고 생각했지만, 입안엔 쓴맛이 감돌았다.

그날 저녁, 리나와 지수는 하유아 선생에게 봉사활동과 보충수업에 대한 안내문을 받았다.

"리나는 봉사활동이 처음이구나. 모르는 게 있으면 지수에게 물어보렴. 둘이 같은 부니까 친하지?"

하유아 선생의 말에 리나는 1학기 중간고사 때 지수가 자신에게 했던 말을 떠올렸다.

'나기는 착한 애다?'

'…나도 알아.'

'아니, 넌 몰라. 그러니까 네가 지금 그럴 수 있는 거야.'

그날 이후 리나는 지수와의 관계가 무척 껄끄러웠지만, 낙제점 문제로 교무실에 와 있는 상황이 더 불편했기에 그냥 고개를 끄덕이며 대답했다.

"네."

그렇게 두 사람은 봉사활동이 가능한 장소와 담당 선생의 이름이 적혀 있는 안내문을 들고 교무실을 나섰다.

"편하게 하려면 도서관이 좋아. 실내라 덥거나 춥지 않고 일도 단순하니까. 잡초 뽑기는 힘든 대신 열심히 하면 시간을 많이 인정해 줘."

지수는 복도를 따라 걸어가며 리나에게 여러 봉사활동의 장단점을 줄줄이 알려 줬다. 최근 지수는 리나에게 별다른 악감정이 없었다. 처음 예상과 달리 리나와 나기의 관계는 잘 유지되고 있었고, 최근 나기에게 나타난 긍정적 변화엔 리나의 공로가 크다고 생각했기 때문이다. 하지만 지수의 생각이 변했다고 리나의 마음속 앙금까지 사라지는 건 아니었다.

"알려 줘서 고마워. 그렇지만 내 일은 내가 알아서 할게."

리나는 갈림길이 나오자마자 발걸음을 돌려 지수에게서 멀어졌다. 한 가닥으로 모아 묶은 머리를 찰랑거리며 멀어지는 리나의 뒷모습을 보며 지수는 머쓱하게 한숨을 내쉬었다.

봉사활동

리나가 선택한 봉사활동은 도서관이었다. 리나는 사서 선생으로부터 도서 분류 기호에 관한 설명을 듣고 반납된 책들이 담긴 카트를 자료실 안으로 옮겼다. 리나가 한창 책을 정리하고 있을 때, 뒤에서 불쑥 목소리가 들려왔다.

"그거 거기 아닌데."

화들짝 놀란 리나는 손끝에서 놓친 책을 가까스로 붙잡았다. 고개를 휙 돌려 바라본 곳엔 지수가 어색한 표정으로 서 있었다.

"사서 선생님이 너 잘하는지 보고 모르는 거 있으면 가르쳐 주라고 하셔서."

"…나도 설명 듣고 왔거든? 뭐가 아닌데?"

"저자 기호 앞에 자음이 다르잖아."

리나는 지수의 말을 반박하려 했지만, 들고 있는 책과 같은 기호의 책들은 자신이 꽂으려던 칸의 아래 칸에 있었다. 리나는 입술을 한 번 꾹 깨문 뒤 지수에게 말했다.

"고마워. 알려 줘서."

리나는 새침하게 고개를 돌리고 다시 카트를 밀었다. 소리 없이 미끄러지는 카트 뒤를 지수가 어정쩡한 걸음으로 따라왔다. 리나가 카트를 세우고 지수를 돌아봤다.

"계속 따라올 생각이야?"

"아니, 사서 선생님이… 한번 잘못 꽂은 책은 찾기도 어렵고… 시험 기간 직후라 정리할 책도 별로 없으니까…."

횡설수설 자기 변호를 이어 가던 지수는 문제의 본질을 파악하고 짧은 한숨을 내쉬었다. 지수는 헛기침을 한번 하고 목을 가다듬은 뒤 리나에게 말했다.

"지난번엔 내가 너무 넘겨짚어서 말했어. 늦었지만 지금이라도 사과할게. 미안하다."

리나는 팔짱을 끼고 생각에 잠겼다. 지금껏 자신이 지수를 불편하게 느꼈던 게 지수의 무례한 태도 때문이었는지, 정곡을 찔려서 부끄러웠던 건지, 아니면 다른 이유로 화가 났던 건지 기억나지 않았다. 지금 남아 있는 건 그때 박힌 감정의 파편과 막연한 거부감뿐이었다.

리나는 마음속으로 몇 가지 경우의 수를 따져 봤다. 나기와의 관계나 발레부 활동을 생각하면 지수와 계속 불편한 상태로 지내는 건 장점보다는 단점이 컸다. 하지만 냉큼 화해의 손을 잡기엔 찜찜한 부분이 없지 않았다.

"너, 나한테 뭐 바라는 거 있지?"

리나는 지수의 눈을 쳐다보며 말했다. 몇 달간 데면데면한 관계를 유지하다가 갑자기 친한 척하는 지수의 속내를 알 수 없었다. 처음엔 낙제점끼리의 동병상련인가 싶었지만, 선뜻 지난 일을 사과하는 지수의 태도는 그것만으로 설명하기 어려웠다.

"아니, 뭐, 꼭 그런 게 있어야…"

지수는 이리저리 눈을 굴리다 리나의 눈을 바라봤다. 확신에 차 있는 리나의 눈빛을 보며 지수는 머리 굴리기를 포기하고 백기를 들었다. 애초에 머리 싸움은 지수의 전공이 아니었다.

"야, 저기, 내 얘기 좀 들어주라."

도서관에 아무도 없는 걸 확인한 지수는 지금까지 금슬과 있었던 이야기를 하소연하듯 늘어놓았다. 리나는 지수의 이야기를 듣는 둥 마는 둥 하며 책을 정리하고 있었지만, 누군가에게 말을 하고 있다는 것만으로 지수는 마음이 좀 편해지는 것 같았다.

"답답해 죽을 것 같은 기분에 운동만 죽어라 하는데…."

"이거 여기 맞아?

"어, 거기 맞아. 근데 내 이야기 듣고 있지?"

"듣고는 있어."

"어, 뭐, 그래. …어디까지 했더라?"

"죽어라 운동했다고."

"아 맞다. 그때 금슬이가 와서…."

지수가 가슴을 치며 말을 이어 가는 동안에도 리나는 '어' '응' '으흠' 같은 추임새만 더할 뿐, 별다른 말은 하지 않았다. 잠시 후, 리나가 카트에 남아 있던 마지막 책을 책꽂이에 꽂으며 말했다.

"다 했다!"

"아니 그게 말이야 방귀이… 어, 그, 그래?"

한창 열변을 토하던 지수는 아쉬운 듯 입맛을 다셨다. 처음엔 리나에게 조언을 구하는 게 목적이었는데, 말하다 보니 한 시간을 넘게 혼자 북 치고 장구 친 꼴이었다. 어색하게 주변 책장을 두리번거리는 지수에게 리나가 말했다.

"다음엔 어디로 가?"

"어?"

"봉사활동 해야지."

잠시 후 두 사람은 한 손엔 집게를, 한 손엔 쓰레기봉투를 들고 교정을 걸었다. 화단이나 구석진 곳에 버려진 쓰레기를 줍는 게 다음 봉사활동이었다. 지수가 빗물 빠지는 구멍에 박혀 있는 캔을 뽑아 봉투에 담으며 말했다.

"나는 1년 중에 이맘때가 제일 좋은 것 같아. 덥지도 춥지도 않고."

지수의 말대로 주변은 선선하고 적당히 건조했다. 리나는 식사 전에 가볍게 산책하기에 딱 좋은 날씨라고 생각했다. 비록 자신은 봉사활동을 해야 하지만 말이다.

"아깐 내가 너무 혼자 떠들었지? 가슴이 너무 답답해서…."

"이해해."

리나가 벤치 밑의 쓰레기를 집어 들며 말했다.

"전에 너희가 약속 펑크 내서 나랑 나기만 놀이공원에 갔던 날 있지?"

"아, 미안하다. 난 그렇게 될 줄 모르고…."

"사과를 받으려는 건 아니고…. 그날 나기가 갑자기 생각에 빠져서 길 가운데 멈춰 선 거야."

"그래서 어떻게 했어?"

"그냥 잡고 살살 끄니까 따라오더라고."

"어디를? 손을?"

"그치? 그게 상식이지? 근데 나기가 뭐라고 했는지 알아? '잡아? 어디를? 귀? 머리? 목?' 와… 답답해서 정말…."

"나기가 좀 그럴 때가 있지."

"그럴 때가 '좀' 있는 정도가 아니라니까? 또 어떤 일이 있었냐면…."

리나는 나기와 있으면서 어이없었던 순간들을 30분쯤 쉼 없이 쏟아 냈다. 어떤 것들은 사소했지만, 어떤 것들은 듣는 지수조차 부끄러워질 정도였다. 나름 나기에게 익숙해질 만큼 익숙해졌다고 생각했는데, 자신이 나기의 돌발성을 과소평가했다는 생각이 들었다. 한바탕 하소연을 마친 리나가 숨을 고르는 사이 지수가 말했다.

"야… 정말… 네가 고생이 많다."

"응. 너도 고생이 많겠다."

두 사람 사이에 묘한 동료 의식이 싹텄다. 지금까지 말한 모든 문제는 나기가 나기이고, 금슬이 금슬인 이상 마땅한 해결책이 없는 문제였다. 나기와 금슬의 사고방식은 좋은 의미에서든 나쁜 의미에서든 평범한 사람은 이해할 수 없는 어떤 특별함이 있었다. 이런 문제에 공감해 줄 상대가 있다는 것만으로 두 사람의 마음은 놀랄 만큼 홀가분해졌다. 지수가 리나에게 웃으며 말했다.

"정말 머리도 좋은 애들이 왜 그러는 걸까?"

"나기가 전에 그랬어. 우리가 숨을 쉬어서 에너지를 얻는 호흡은 포도당을 태우는 연소와 결과적으론 같은 반응이라고. 그냥 연소가 일어나려면 400℃ 이상의 열이 필요한데, 우리 체온은 그렇게 높지 않기 때문에 여러 효소의 힘을 빌리고 복잡한 단계를 걸쳐서 에너지를 조금씩 뽑아내는 거래."

"…갑자기 연소 이야긴 왜 나온 거야?"

"그냥, 우리한테는 연소처럼 간단한 일이 개네한테는 호흡처럼 복잡하기도 하고, 개네한테는 연소 같은 게 우리한테는 호흡 같기도 해서."

리나의 말에 지수는 쓰레기봉투를 든 손으로 손뼉 치는 시늉을 하며 감탄했다.

"와, 그거네! 서당 개 3년이면 풍악을 울린다더니, 나기 옆에 있으니까 그런 비유가 나오는구나?!"

"…풍악이 아니라 풍월을 읊는다."

"아, 그게 그거지!"

지수가 민망한 마음에 팔로 리나를 툭 치자, 리나는 자동차에 부딪힌 것처럼 옆으로 크게 밀려났다. 깜짝 놀란 지수는 재빨리 리나의 손목을 붙잡아 세웠다.

"야! 그러니까 밥 좀 제대로 먹어. 무슨 종이 인형도 아니고 툭 쳤다고 막 날아가냐?"

"뭐?! 네가 고릴라 같다는 생각은 안 해?"

"고릴라? 하하, 내가 좀 그렇긴 하지."

"칭찬 아니거든?!"

리나는 지수의 엉덩이를 향해 발차기를 날렸다. 지수의 엉덩이 근육과 리나의 탄력 있는 발레 발차기가 만나며 '뻥!' 하고 축구공 차는 소리가 났다. 깜짝 놀랄 만큼 큰 소리에 리나와 지수의 눈이 동그래졌다. 두 사람은 곧 웃음을 터트렸다.

뜻밖의 개그 코드

일주일 후, 봉사활동을 마친 리나와 지수는 특별 활동에 복귀했다. 백화란 선생은 불과 몇 주 사이에 너덜너덜해진 리나의 토슈즈를 보고 말했다.

"발레도 좋지만, 과특중 학생의 본분은 공부야. 토슈즈도 계속 구입하고 대회에도 나가려면 특별 활동 추가 지원을 받아야 하는데, 이렇게 낙제점을 맞거나 하면 선정되기가 어려워."

"대회요?!"

"어디까지나 공부도 열심히 하고 발레도 열심히 했을 때 이야기야."

백화란 선생은 공부를 열심히 하라는 취지에서 한 말이었지만 리나의 마음은 이미 무대에 가 있었다. 리나는 학원에서 했던 발표회와 콩쿠르 무대를 생생하게 기억했다. 다시 한번 그

139

긴장감과 흥분을, 화려한 반짝임과 눈부신 조명과 박수갈채를 느낄 수 있다면…. 리나는 가슴 깊숙한 곳에서 차오르는 열망을 느꼈다.

그날 이후 리나의 수업 태도는 눈에 띄게 달라졌다. 꿈에 그리던 목표가 코앞으로 다가왔는데 낙제점 따위에 발목을 잡힐수는 없었다. 봉사활동에 쓴 열 시간을 발레에 쏟았으면 지금쯤 피루엣 트리플을 마스터했을지도 모른다. 그렇게 생각하면 중간고사 공부를 소홀히 한 자신을 때려 주고 싶을 정도였다.

"오늘은 지구에 대해서 이야기하지."

공위성 선생이 문을 열고 들어서며 말했다. 리나는 이럴 때마다 그날그날 수업 주제는 어떻게 정해지는 것인지 궁금했다.

"어떤 순서가 좋을까. 중심에서부터 시작해 볼까? 모두가 알다시피 지구의 둘레는 4만km, 지구의 반지름은 약 6400km다."

'전 몰랐는데요?'

리나는 자신도 모르게 지수를 쳐다봤다. 때마침 지수도 리나를 쳐다봤다. 두 사람은 서로가 같은 생각을 하고 있음을 깨닫고 소리 없이 웃었다.

"지구의 중심엔 반지름이 약 1220km인 쇠구슬이 있다. 좀 더 정확히 표현하면 88.8%의 철, 4.5%의 니켈, 2%의 황, 그리고 몇몇 전이 원소와 준금속 등으로 이루어진 구슬이다. 이곳의 온도는 5500℃를 넘지만 압력도 수백 기가파스칼(GPa)로 높아서 내핵을 구성하는 금속들은 대부분 고체 상태를 유지한다. 1936년 덴마크의 과학자 잉에 레만이 내핵의 존재를 처음 증명했다. 내핵의 바깥쪽엔 2200km 두께의 외핵이 있다. 외핵의 가장 큰 특징은 액체라는 점이다. 인류가 처음 외핵의 존재를 알게 된 건 1906년 영국의 지질학자 리처드 올든이 지진파를 연구하다가 지구 내부의 특정 깊이에서 P파의 속도가 갑자기 느려진다는 사실을 발견했을 때다. 이후 1914년 독일 태생의 미국 지진학자 베노 구텐베르크가 지진파를 연구하다가 진앙으로부터 103°에서 142° 사이에 있는 지역엔 P파와 S파가 모두 도달하지 못하고, 142° 이상 지역엔 P파만이 도달한다는 걸 알게 되었다. 그는 이것이 지구 내부 2900km 지점에 액체로 된 핵이 있기 때문이라고 추론했다. P파와 달리 S파는 액체를 통과할 수 없기 때문이다. 이 같은 이유로 외핵과 맨틀의 경계를 구텐베르크면이라고 부른다."

공위성 선생은 칠판에 지진파가 진행하는 궤적을 간단히 그렸다. 최근 그는 수업 중에 칠판을 쓰는 일이 많아졌다. 왜 갑자기 칠판을 쓰기 시작했는지는 몰라도, 수업을 듣기가 한결 수월해져서 아이들은 좋아했다.

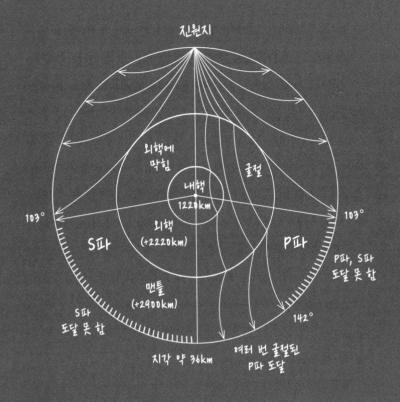

진원지

외핵에
막힘

내핵
1220km

굴절

외핵
(+2220km)

103°

103°

S파

P파

P파, S파
도달 못 함

맨틀
(+2900km)

S파
도달 못 함

142°

지각 약 36km

여러 번 굴절된
P파 도달

"외핵은 내핵과 마찬가지로 철과 니켈 등의 금속 원소로 이루어져 있다. 다이나모 이론에 따르면, 이 금속 원소들이 지구 자전이나 안팎의 온도 차이로 인해 움직이면서 지구의 자기장이 생겨난다고 한다. 그 바깥쪽 약 2900km는 맨틀이다. 이는 지구 부피의 약 84%를 차지한다. 맨틀의 구성 성분은 지각과 비숫한 산소, 규소, 알루미늄 등으로 되어 있다. 맨틀은 고체 상태지만 온도와 밀도차에 의해 서서히 이동한다. 이 움직임을 통해 여러 화산 활동이나 판의 이동을 설명할 수 있다. 그 위에 우리가 살고 있는 지각이 있다. 지각의 평균 두께는 36km 정도로 달걀에서 껍데기가 차지하는 비율의 절반 정도다. 지각과 맨틀 사이엔 수 킬로미터 두께의 모호로비치치 불연속면, 줄여서 모호면이란 곳이 있는데 이곳은 암석의 조성 때문에 다른 층보다 지진파가 빠르게 전달되는 특징이 있다. 1909년 크로아티아의 지진학자 안드리야 모호로비치치가 처음으로 발견했다."

'모호로비치치'라는 단어의 어감 때문인지 몇몇 아이가 작게 웃음소리를 냈다. 공위성 선생의 목소리나 말투와 어울리지 않은 귀여운 발음이라 더 그렇게 느껴졌는지도 모른다. 아이들의 반응을 감지한 공위성 선생이 자신이 한 말을 복기해 보더니 말했다.

"어느 부분이 우습지? 모호로비치치?"

"큽…!"

"안드리야 모호로비치치."

"푸핫!"

몇 명이 결국 웃음을 터트리자 교실은 한순간에 웃음바다가 되었다. 공위성 선생은 다소 이해하기 어렵다는 표정이었지만 딱히 싫지도 않은 듯 아이들의 웃음소리가 잦아들 때까지 기다렸다가 말을 이어 갔다.

"지각 위엔 우리가 숨 쉬는 공기와 대류권이 있다. 지표에 가까운 공기는 지구 복사로 인해 데워지고, 위로 올라갈수록 차가워지기 때문에 밀도가 역전되어 활발한 대류 현상이 일어난다. 수증기가 포함된 공기가 대류 현상을 따라 이동하면 구름, 눈, 비와 같은 기상 현상이 나타난다. 대류권의 높이는 약 11km다. 그 이상 올라가면 성층권이 나온다. 성층권엔 오존층이 있고, 오존층이 자외선을 흡수해서 위로 갈수록 기온이 상승한다. 이 때문에 성층권의 공기는 매우 안정적이라 비행기 항로로 많이 이용된다. 성층권은 지표에서 약 50km 지점까지다. 성층권 위엔 중간권이 있다. 중간권의 공기는 자외선을 흡수하지 못해서 다시 냉각된다. 아래가 뜨겁고 위가 차가우니 공기는 불안정해 대류가 일어나지만, 수증기가 거의 없어서 기상 현상이 나타나진 않는다. 성층권은 지표에서 약 80km 지점까지다. 성층권의 위쪽엔 열권이 있다. 열권에 도달하면 태양 복사나 전리층의 작용으로 인해 온도가 상승한다. 열권의 온도는 때론 섭씨 2000℃에 이르기도 하지만 공기가 너무나 희박하기에 여러분이 상상하는 이미지와는 사뭇 다를 것이다. 얼마나 희박하냐면 열권의 아래쪽, 지표부터 100km 지점을 카르만 라인이라고 부르고 이 선을 우주의 기술적 경계선으로 삼을 정도다. 우주라는 건, 서울시에서 세종시로 가는 거리보다 가까이 있다."

공위성 선생의 말에 아이들은 깜짝 놀랐다. 우주라는 게 그토록 가까이 있다고는 생각해 본 적이 없었다. 서전이 조심스럽게 손을 들고 질문했다.

"선생님, 그런데 왜 우주선 발사는 그렇게 어려운 건가요?"

"그러게나 말이다."

공위성 선생의 답변에 교실은 순간 정적에 휩싸였다. 아이들은 공위성 선생이 지금 농담을 한 건지, 나름의 답변을 한 건지 몰라 모호한 표정을 지었다.

"풋!"

그러다 질문을 한 서전이 처음으로 웃음을 터트렸고, 교실엔 다시 한번 웃음의 연쇄 작용이 일어났다. 멍하니 창밖을 바라보고 있던 공위성 선생은 아이들의 웃음소리에 정신을 차리곤, 헛기침을 한 뒤 질문에 답변했다.

"고도 30km를 넘어가면, 공기가 희박해져 비행에 필요한 양력을 얻기가 어려워진다. 더 강한 양력을 얻으려면 더 빠른 속도로 비행해야 하는데, 공기가 희박하니 엔진에 산소를 공급하는 것도 어려워지기 때문이다. 그 이상의 고도에 도달하려면 작용 반작용의 법칙에 기반한 로켓을 쏘아 올려야 한다. 로켓이 멀리 날아가려면 많은 양의 연료를 오래, 빠른 속도로 뿜어내야 한다. 문제는, 그 많은 양의 연료 또한 들어 올려야 할 이륙 중량에 포함된다는 점이다."

공위성 선생은 곧장 칠판 앞으로 걸어가 설명을 시작했다. 로켓을 발사하는 데 필요한 무게가 눈덩이처럼 불어나는 과정은 몹시 흥미진진했다. 1.5t짜리 위성을 저궤도에 올리는 데 필요한 발사체와 연료의 무게가 단계별로 더해지자 이륙 중량은 순식간에 200t을 넘어섰다. 아이들은 탄식과 같은 감탄사를 내뱉었다.

"이와 같은 문제를 벗어나기 위한 시도에는 몇 가지가 있는데…"

'딩-동-댕-동.'

시간 가는 줄 모르던 수업이 끝나자 아이들은 아쉬운 소리를 냈다. 열성적으로 설명을 이어 가던 공위성 선생은 새삼 어색한 기분이 들었는지 헛기침을 하고 교실 문을 나섰다.

시간이 뒤집힌 곳

점심시간, 금슬은 공위성 선생에 관한 이야기를 신나게 늘어놓았다.

"아- 요즘 과학 시간이 점점 좋아지는 것 같아. 상처 많은 서브 남주가 점점 마음을 여는 과정을 보는 것 같달까?"

"〈스테인리스 스틸〉의 크롬 대위처럼?"

"와, 너 그것도 봤어? 대박! 어떻게 내가 좋아하는 작품만 쏙쏙 골라 보냐?"

금슬이 눈을 반짝이며 지수를 어깨로 툭 밀었다. 그러자 지수는 과장된 몸짓으로 옆으로 휘청거리더니 팔을 축 늘어트리고 자리에서 일어났다.

"어? 야, 나 방금 팔 빠졌어. 이거 어떡해?"

아이들은 모두 깔깔거리며 웃었지만, 리나는 조금 쓸쓸한 웃음을 지었다. 리나는 지수가 금슬이 좋아하는 작품들을 어떻게 골라 보는지 알고 있었기 때문이다. 지수는 만화책을 고를 때 손때가 많이 탄 책들을 찾아 읽었다. 방금과 같은 한마디를 하기 위해서 지수가 얼마나 많은 만화책을 읽고 있는지 금슬은 알지 못할 것이다.

리나의 옆에 앉아 있던 나기는 그녀의 표정 변화에 짐짓 당황했다. 나기는 리나가 지금 같은 표정으로 지수를 보는 걸 몇 번이고 목격했다. 안타까움, 애절함 같은 감정이 스민 리나의 표정을 볼 때마다 나기의 마음은 무척이나 심란했다.

'이건 무슨 감정일까?'

나기는 가슴에 손을 얹고 생각했다. 나기가 생각하는 지수는 그야말로 상남자였다. 크고 강한 육체, 넉살 좋고 유머러스한 성격, 늘 에너지 넘치고 당당한 태도. 누구라도 지수에게 호감을 느끼는 건 자연스러운 일이라 생각했고, 나기도 자신이 지수의 친구라는 게 자랑스러웠다. 하지만 리나가 지수를 지금 같은 표정으로 보는 건 싫었다.

'질투, 불안, 불만.'

나기는 자기 안의 감정을 천천히 풀어 보기 시작했다. 새까만 안개에 가려진 감정이 제각기 모양과 크기를 찾아 떨어져 나왔다. 하지만 자신이 알고 있는 모든 조각을 다 떼어 놓고도 여전히 이름 모를 커다란 감정 하나가 남아 있었다.

"아이고, 양쪽 팔 다 빠졌네. 나기야, 도와줘!"

나기가 생각에 빠져 있는 동안 금슬과 계속 옥신각신하던 지수는 두 팔이 빠져 널렁거리는 시늉을 하다가 팔을 붕 돌려서 나기의 어깨에 툭 걸쳤다. 두꺼운 통나무라도 얹은 듯한 묵직한 충격이 전신을 통과하는 순간, 나기의 마지막 감정에 덮여 있던 안개가 걷혔다. 그 감정의 이름은 '패배감'이었다.

나기는 흠칫 놀라 고개를 한번 흔들었다. 지금 자신은 그런 감정을 느낄 이유가 없었다. 하지만 나기가 활짝 웃으며 지수의 어깨를 끼워 주는 시늉을 하는 동안에도 그 감정은 확고하게 나기의 가슴속에 자리를 잡고 있었다. 마치 앞으로도 영원히 그곳에 있을 것처럼.

그날 오후, 서전과 부만은 8번 사물함의 '시간이 뒤집힌 곳에서 발밑을 보라'를 찾기 위해 학교 담장을 따라 걷고 있었다. 서전이 부만에게 말했다.

"왜 우리가 지금까지 담장을 볼 생각을 못 했을까?"

"화석은 건물에만 있는 줄 알았지, 뭐."

부만은 시큰둥하게 답하고 담장을 눈으로 쭉 훑었다. 그는 곧 몇 걸음 떨어진 곳에 암모나이트가 새겨진 것을 발견했다.

"여기 있네, 암모나이트."

"너 이런 거 진짜 잘 찾는다."

서전은 감탄했다. 무언가를 발견하는 건 언제나 부만이 먼저였다. 서전의 시력은 양쪽 눈 모두 2.0이었는데, 뺑뺑이 안경을 쓴 부만이 어떻게 자신보다 힌트를 더 잘 찾는지 언제나 의문이었다.

"여기도 아래쪽에 삼엽충이 있고 위에 화폐석이 있네. 여긴 아닌 것 같다."

서전은 암모나이트 근처에서 다른 두 종류의 화석을 찾았다. 지금까지 두 사람이 발견한 화석 포인트는 스무 군데가 넘었다.

"…이 순서가 반대인 곳이 있는 건 맞아?"

부만이 물었다. 인자에게 뭐라고 설명을 들었던 것 같긴 한데 지금은 잘 기억이 나질 않았다.

"응. 삼엽충은 고생대, 암모나이트는 중생대, 화폐석은 신생대를 알려 주는 표준 화석이니까 '시간이 뒤집힌 곳'이라는 건 이 화석들의 순서가 반대로 놓인 곳일 거야."

"표준 화석은 살았던 기간이 짧고, 넓은 지역에 살아서 각 시대를 대표하기 때문에 표준 화석이라고 하는 거지? 표준 화석 말고 또 뭐가 있었더라?"

"시상화석. 시상화석은 특정한 환경에서만 자라고, 오랜 기간 존재해서 화석이 될 당시의 환경을 알려 주는 화석이야."

"습지에 사는 고사리나 온대 바다에 사는 산호처럼?"

"그렇지."

서전과 이야기하는 부만의 걸음이 조금 느려졌다. 하나의 궁금증이 풀리니 다른 궁금증이 뒤를 이었다. 하지만 서전에게 계속 질문을 하는 건 어쩐지 자신의 무지를 드러내는 것 같아 부끄러웠다. 부만이 나중에 검색해 볼 질문들을 속으로 정리하고 있을 때 서전이 말했다.

"있잖아, 나는 공룡을 연구하는 고생물학자가 되고 싶었다?"

"공룡?"

"응. 어렸을 때 본 공룡 뼈 모형이 너무 인상 깊었거든. 언젠가 코리아노사우르스 같은 걸 발굴하는 게 내 꿈이었어."

"코리아노사우르스? 야, 너 작명 센스가 너무 구린 거 아냐? 큭큭큭."

"아냐, 진짜로 코리아노사우르스 보성엔시스라는 공룡이 있어. 나도 그런 공룡을 발굴하고 싶다는 뜻이야."

"어? 진짜? 뻥 아니고?"

"어."

부만은 믿을 수 없다는 듯 핸드폰을 꺼내 검색을 시작했다. 곧 전라남도 보성군에서 발견된 코리아노사우르스에 대한 자료가 나왔다. 생존 시기는 약 8500만 년 전 백악기 후기였다.

"진짜 있네?!"

"응, 그거 말고 코리아케라톱스 화성엔시스도 있어."

"진짜? 이번엔 뻥이지?"

"아니라니까? 검색해 봐."

부만은 다시 검색했다. 이번에도 화성에서 발견된 뿔 달린 초식 공룡에 대한 자료가 나왔다. 생존 시기는 백악기 전기로 약 1억 1000만 년 전이었다.

"너 진짜 별걸 다 안다. 그럼 삼엽충이 왜 멸종했는지도 알아?"

"삼엽충은 2억 5000만 년 전 페름기 대멸종으로 사라졌어. 페름기 대멸종은 거대한 화산 폭발과 대규모 산불 같은 사건들이 연쇄적으로 일어나면서 환경이 급변해 해양 생물의 96%가 멸종했던 사건이래. 암모나이트는 6600만 년 전 소행성 충돌로 인해 일어난 백악기-팔레오기 멸종 때 사라졌고, 화폐석은 3400만 년 전 빙하기가 시작되면서 멸종했어."

"너 같은 애가 공룡학자가 되어야 하는데."

"응. 그런데 우리 엄마 아빠 생각은 다른가 봐."

"왜?"

"이런 건 아무리 알아도 돈이 안 된대. 과학을 잘하면 의대나 공대에 가는 게 답이라고 하더라."

"뭐, 맞는 말이긴 하네."

부만은 쌉쌀하게 입맛을 다시며 고개를 돌렸다. 부만의 부모님도 늘 부만에게 의대나 공대에 가야 한다고 말했다. 그 말 빼고 다른 말을 했던 게 언제인지 기억조차 가물가물했다. 부만이 미간을 찌푸린 채 기억을 더듬고 있을 때 서전이 물었다.

"넌 꿈이 뭐야?"

"꿈?"

"어."

부만은 발끝을 내려다봤다. 초등학교 때 분명 장래 희망에 뭔가 적어 냈던 것 같은데 기억이 나질 않았다. 적어도 의대나 공대라고 적지 않았던 것만은 분명했다. 답답해진 부만은 하늘을 올려다봤다. 가을 하늘은 시리도록 푸르게 뻥 뚫려 있었다.

'하늘이 이렇게 파랬던가?'

부만은 쨍한 햇빛에 눈살을 지푸리면서도 하늘에서 눈을 떼지 않았다. 깊게 숨을 들이쉬자 가슴이 조금 시원해졌다. 그래도 여전히 꿈에 대해 떠오르는 것은 없었다.

"돈 많이 버는 거지 뭐."

"그렇지. 돈이 최고지."

서전은 부만의 말이 정답은 아니라고 생각했지만 부정할 수도 없었다. 만약 자신도 돈이 정말 많았다면 세계를 떠돌며 공룡 연구만 할 수 있지 않았을까 하는 생각 때문이었다.

"아, 삼엽충 찾았다."

부만이 방금 지나친 벽에서 삼엽충을 발견하고 멈춰 섰다. 그런데 그 아래쪽엔 손바닥만 한 공룡 무늬가, 그 아래쪽엔 비슷한 크기의 매머드가 새겨져 있었다.

"뭐야 이거. 갑자기 공룡이 왜 튀어나와?"

"어? 어어? 공룡 화석은 중생대, 매머드 화석은 신생대의 표준 화석이야! 대박! 여기가 바로 우리가 찾던 그곳이야!"

서전과 부만은 '시간이 뒤집힌 곳에서 발밑을 보라'는 문제를 떠올리며 바닥 쪽을 살폈다. 과연 담장과 벽의 경계에 여섯 자리 비밀번호가 새겨져 있었다.

두 사람은 곧 기자재실B로 달려가 8번 사물함에 비밀번호를 입력했다. 곧 멜로디와 함께 문이 열렸다. 사물함 안에는 손바닥보다 조금 큰 가죽 파우치 5개가 들어 있었다. 다른 칸에도 물건이 5개씩 들어 있던 걸 생각하면, 이 장비를 꺼낸 건 두 사람이 처음인 듯했다.

"…!"

두 사람은 마주 보고 공중에서 손바닥을 마주쳤다. 잠시 성취감을 만끽한 두 사람은 파우치를 열어 안에 있는 물건을 꺼냈다. 물건엔 단자가 2개 튀어나와 있었고, 하얀 판엔 부채꼴 모양으로 눈금과 숫자가 새겨져 있었다. 내부의 바늘은 0을 가리키고 있었고, 판 가운데는 A라는 알파벳 한 글자만 새겨져 있었다. 부만이 미간을 찌푸린 채 고개를 갸웃거렸다.

"…뭐야 이게?"

"아, 이거, 그거! 전류계!"

전류계란 말을 듣자 부만도 속으로 손가락을 튕겼다. 전압의 단위는 볼트(V), 전력의 단위는 와트(W), 전류의 단위는 암페어(A)였다. 판에 새겨진 A는 암페어를 의미했다.

이로써 서전과 부만은 3개의 아이템을 손에 넣었다. 6번 사물함에서 나온 액정 디스플레이, 7번 사물함에서 나온 집게 전선 3개 묶음, 8번 사물함에서 나온 전류계였다. 남은 문제는 5번 사물함의 '우물 안 요정의 얼굴을 붉게 물들여라'와 9번 사물함의 '마지막 실마리를 찾아라'였다.

약점

11월이 되었다.

리나는 아지트에서 발레 연습을 하고 있었다. 얼마 전 리나는 백화란 선생으로부터 세 번째 토슈즈를 받았다. 토슈즈의 수명이 짧은 것도 있었지만, 리나의 연습량이 더 큰 원인이었다. 백화란 선생이 콩쿠르 이야기를 꺼낸 이후로 리나는 매일 짧게는 세 시간, 길게는 다섯 시간을 발레 연습에 쏟았다. 처음엔 무리한 연습으로 발톱에서 피가 나기 일쑤였지만, 이제는 발가락에 무리가 가지 않는 운동을 적절히 섞는 요령도 익혔다.

최근 아지트에서 가장 많은 시간을 보내는 건 리나와 지수뿐이었다. 나기는 체력단련실에 매일 출석 도장을 찍고 있었고, 금슬은 방에서 뭔가를 쓰고 있었다. 지오는 텃밭을 담당하는 경비 아저씨를 만나 작물을 키우는 요령을 배웠는데, 얼마 전엔 땅콩 한 바구니를 얻어 오기도 했다.

기본 동작 연습을 마친 리나가 땀을 닦으며 한숨을 돌리자, 옆에서 다른 연습을 하고 있던 지수가 리나를 불렀다.

"야, 나 이것 좀 봐줘. 간다?"

지수는 턴보드라는 회전 동작 연습 기구를 밟고 서서 피루엣 준비 자세를 잡았다. 턴보드는 발바닥 크기의 플라스틱 판으로 아랫면이 곡선으로 되어 있어서 바닥과의 마찰을 줄여 주는 역할을 했다. 다른 동작은 못 하더라도 피루엣 하나만은 개인기로 연습하고 싶다는 지수의 말에 백화란 선생이 추천해 준 방법이었다.

"간닷!!"

지수가 기합과 함께 쭉 뻗었던 팔을 몸 앞으로 둥글게 모으고 한쪽 다리로 서서 빙글빙글 돌기 시작했다. 한 바퀴, 두 바퀴, 세 바퀴… 네 바퀴 반을 돌았을 때 몸이 옆으로 기울어져 지수는 들고 있던 발을 땅에 디딜 수밖에 없었다.

"아! 다섯 바퀴 돌 수 있었는데!"

"네 바퀴 반도 대단한데?"

리나는 진심으로 감탄했다. 처음엔 몸의 중심을 끌어올리는 데 익숙하지 않아 고생했지만, 일단 감을 잡고 나니 지수는 하루가 다르게 실력이 늘었다. 지수가 아쉬운 손짓을 하며 리나에게 물었다.

"넌 이거 몇 바퀴 돌 수 있어?"

"글쎄? 최근엔 맘먹고 해 본 적이 없는데."

"한번 해 봐."

리나는 최근 피루엣 3회전을 마스터하고 4회전을 연습하는 중이었다. 좀처럼 깔끔하게 마무리되지 않는 동작에 답답함을 느끼던 중이었는데, 기분 전환 삼아 한번 해 보는 것도 좋겠다는 생각이 들었다. 리나는 턴보드 위에 서서 가볍게 한두 바퀴 돌며 감을 잡은 뒤 본격적인 도전을 준비했다.

"…간다. 잘 세?"

"오케이!"

리나는 힘껏 몸을 틀어 회전을 시작했다. 한 바퀴, 두 바퀴, 세 바퀴, 네 바퀴… 턴을 오래 지속하기 위해선 시선을 한곳에 오랫동안 고정하는 스팟이 중요했다. 처음엔 거울에 비친 자신의 모습만 보이고 뒤에 있는 지수의 모습은 순식간에 지나갔지만, 회전을 거듭할수록 속도가 느려져 지수의 모습이 점점 선명하게 보였다. 더이상 스팟을 유지할 수 없을 만큼 속도가 느려졌을 때 리나는 반대편 발을 사뿐히 땅에 내려놓았다. 지수가 손뼉을 치며 소리쳤다.

"아홉 바퀴! 와, 너 진짜 장난 아니다!"

"아홉 바퀴? 진짜?"

"어!"

리나는 최근 떨어졌던 자신감이 단숨에 차오르는 것을 느꼈다. 발끝으로 섰을 때 방금 같은 느낌으로 돌 수 있다면 피루엣 4회전이 아니라 5회전도 가뿐히 할 수 있을 것 같았다.

"좋았어! 열 바퀴 간다! 도전!"

"도전!!"

리나는 조금 전보다 더 강하게 발을 끌어 올리고 팔을 강하게 휘둘러 몸 앞으로 모았다. 주변의 풍경이 어느 때보다 빠르게 돌았다. 하지만 힘이 너무 들어간 탓일까. 리나는 시선을 고정할 지점을 놓치면서 중심을 잃었다. 턴보드가 발밑에서 빠져나가는 느낌과 동시에 세상이 위아래로 뒤집히는 듯한 느낌이 오싹하게 등줄기를 타고 올랐다.

"…!!"

다음 순간, 쓰러지는 리나를 지수가 받았다. 지수는 리나의 양팔 위쪽을 두 손으로 붙잡았고, 리나는 지수의 가슴에 안긴 듯한 자세로 숨을 몰아 쉬었다. 턴보드가 빠져나가는 순간의 감각이 발목에 선명하게 남아 있었다. 손목이든 발목이든 다쳤다면 몇 주 정도는 연습을 할 수 없었을 것이다. 이제 대회 준비도 시작해야 하는데 모든 게 수포가 될 뻔했다. 리나는 뒤늦게 눈앞이 아찔해지는 걸 느꼈다. 희미하게 어깨를 떨고 있는 리나를 보며 지수가 물었다.

"괜찮아? 어디 안 다쳤어?"

"어, 괜찮아. 그냥 좀 놀랐…."

리나는 지수를 버팀목 삼아 일어나려 했지만 생각처럼 다리에 힘이 들어가지 않았다. 지수는 휘청거리는 리나의 팔을 얼른 다시 붙잡았다. 또다시 넘어질 뻔한 리나가 놀란 가슴을 쓸어내리며 말했다.

"잠깐만, 잠깐만 이대로 있을게."

"어, 그래."

두 사람은 그대로 서 있었다. 두꺼운 나무에 기대서 있는 것 같은 느낌은 리나의 마음을 조금씩 진정시켰다. 몇 초 정도가 지나 발목에 어느 정도 힘이 돌아왔음을 느낀 리나는 조심스럽게 홀로 섰다.

"고마워, 덕분에 안 다쳤어."

"어, 다행이다."

갑자기 어색해진 분위기에 지수는 머리를 긁적였고, 리나는 발로 바닥에 반원을 반복해서 그렸다. 지수가 잡고 있던 팔에는 묵직한 감각이 남아 있었다.

"그럼 난 만화책이나 봐야겠다."

"어, 그래. 나도 오늘은 그만하고 스트레칭이나 해야겠다."

지수는 책장으로 걸어갔고, 리나는 요가 매트를 꺼내 들었다. 그러다 문득 밖에서 들어오는 바람을 느낀 리나가 입구 쪽을 바라봤다. 문이 4분의 1 정도로 애매하게 열려 있었다.

'아까 문을 덜 닫았나?'

리나는 고개를 갸웃하고는 문을 닫고 자리로 돌아와 꼼꼼하게 마무리 운동을 했다.

다음 날 쉬는 시간, 인자는 곁눈질로 나기의 거동을 살피고 있었다. 최근 나기에겐 몇 가지 변화가 생겼다. 첫째로는 앉아 있을 때 종아리 운동을 하거나 투명 의자 자세를 하고 있을 때가 많아진 것이고, 둘째로는 발레부끼리 모여 있는 시간이 줄었다는 것이다. 지수, 지오, 리나 3인방은 종종 교실 한쪽에 모여 수다를 떨었지만 금슬이나 나기는 그 모임에 속해 있지 않은 때가 많았다. 바로 지금처럼 말이다.

"봐봐, 이렇게, 헙!"

지수는 교실 한쪽에서 한 발로 서서 도는 피루엣 동작을 지오에게 자랑하고 있었다. 한 번의 도움닫기로 두 바퀴를 빙글빙글 도는 지수의 모습은 발레를 제법 배운 티가 났다. 실제로 할 줄 아는 기술은 그 한 가지뿐이었지만, 적어도 그 한 가지는 봐

줄 만했다.

"와, 진짜 효과가 있네? 나도 같이 좀 해야 하나?"

지오가 양손 엄지를 들어 보이며 감탄했다. 지수는 어깨가 으쓱한 채 말했다.

"아, 얼른 푸에떼 같은 것도 돌고 싶은데 방법을 모르겠어. 감만 잡으면 계속 돌 수 있을 것 같은데."

푸에떼는 회전 도중에 들고 있는 발을 뻗었다 감는 힘으로 회전을 계속하는 기술이었다. 〈백조의 호수〉나 〈돈키호테〉 같은 작품에선 32회전 푸에떼를 도는 장면도 있다.

"어떻게 하는 거였지? 야, 시범 좀 보여 줘 봐."

"나 지금 치마 입었거든?!"

지수의 요청에 리나는 치마를 손으로 누르며 한 걸음 물러났다. 리나는 지수의 이런 무신경함이 가끔 부담스러웠다.

"아…. 가르쳐 줄 사람 누구 없나? 지금 뭔가 느낌이 왔는데."

"나기한테 보여 달라고 해. 나기 할 수 있어."

리나가 고갯짓으로 나기를 가리키며 말했다. 나기는 세 사람의 동향을 계속 살피고 있었지만, 전혀 못 들었다는 듯 시치미를 떼며 답했다.

"나 불렀어? 왜?"

인자는 나기의 그런 모습이 흥미로우면서도 미심쩍었다. 다섯 사람의 관계에 어떤 변화가 생긴 것이 분명했다. 세 사람이 모여 있는 곳으로 다가간 나기는 동작을 간단히 설명한 뒤 자리를 잡고 푸에떼를 돌았다. 근사하게 회전을 계속하는 그 모습이 너무 예상 밖이라 다른 아이들까지 눈이 휘둥그레져서 나기를 쳐다봤다.

"오케이! 알 것 같아!"

이번에는 지수가 자세를 잡고 숨을 가다듬었다. 지수는 열심히 팔다리를 허우적거리며 나기의 자세를 따라 했지만 발차기 한 번에 한 바퀴를 돌지 못하고 90°씩 억지로 몸을 비트는 꼴이었다. 그 모습이 얼마나 우스꽝스러웠는지 기대감을 품고 지켜보던 아이들 사이에서 폭소가 터졌다.

"어우, 안 되는구나?"

지수는 민망한 듯 껄껄껄 웃었다. 그 순간 인자는 나기의 웃는 얼굴을 봤다. 교실에 있는 모두가 웃고 있었지만, 나기의 웃음은 그와는 좀 달랐다. 자신의 승리를 자축하는 그 웃음엔 약간의 비웃음마저 섞여 있는 듯했다. 인자는 그런 웃음을 자주 짓는 사람을 알고 있었다. 그건 다름 아닌 인자 본인이었다.

"그래도 너 진짜 많이 늘었어. 자신감을 가져."

리나가 지수의 어깨를 두드리며 격려했다. 그 순간, 나기의 얼굴에서 웃음이 사라지고 미간에 주름이 잡혔다. 인자의 눈동자

가 커졌다. 자신이 그토록 바라던 나기의 표정이 바로 그곳에
있었다. 다만 그 상대가 자신이 아닌 지수라는 게 원망스러울
뿐이었다.

'뭐지? 무엇 때문에 그런 표정을 짓는 거야?'

인자는 빠르게 방금 전 상황을 복기했다. 정답을 도출하는
데는 그리 오랜 시간이 걸리지 않았다.

'발리나.'

인자는 두 주먹을 불끈 쥐었다. 이번엔 헛걸음이 아니라는 확
신이 그의 온몸을 가득 채웠다.

브레인스토밍

그날 저녁, 서전은 수성관 뒤 공터에서 부만을 기다렸다. 저녁 식사 후 30분에서 한 시간 정도 함께 힌트를 찾는 건 어느덧 두 사람의 일과가 되었다. 문제는 몇 주째 마땅한 실마리를 찾지 못하고 있다는 점이었다.

잠시 후 낙엽 밟는 소리와 함께 부만이 나타났다. 부만은 자판기에서 음료수 2개를 뽑아 하나를 서전에게 건네 주고 옆자리에 앉았다.

"감사."

"천만."

두 사람은 음료수를 마시며 잠시 생각을 정리했다. 먼저 말을 꺼낸 것은 부만이었다.

"우리, 방향성을 잘못 잡은 것 같아."

"내 생각도 그래."

지금까지 두 사람은 5번 사물함의 '우물 안 요정의 얼굴을 붉게 물들여라'에 대해 몇 가지 가설을 세웠다. 첫 번째는 진짜 우물이 있을 가능성, 두 번째는 측우기같이 물을 담는 물건일 가능성, 세 번째는 어항에 있는 물고기일 가능성이었다. 하지만 어느 것도 '이거다!' 싶은 단서로 이어지지 않았다. 부만이 안경을 고쳐 쓰며 말했다.

"문제는 '얼굴을 붉게 물들여라'가 뭘 의미하는지 모르겠다는 거야."

서전은 고개를 끄덕였다. 두 사람은 물고기를 조사하다가 페어리 시클리드(Fairy cichlid)를 발견했던 순간을 떠올렸다. 브리카르디라는 열대어 어항에서 페어리 시클리드라는 또 다른 이름을 발견한 건 부만이었다.

'페어리 시클리드? 이거다!'

'오? 정말이네?!'

'이제 이 물고기 얼굴을 빨갛게 만들면 돼!'

'그래!'

'…'

'…어떻게?'

부만과 서전은 지금도 그 순간을 떠올리면 얼굴이 화끈거렸다. 곧 두 사람은 브레인스토밍을 시작했다. 지난날 몇 번의 회의가 흐지부지 끝난 뒤로 두 사람은 브레인스토밍 시간엔 일단 생각난 아이디어는 모두 말하고, 어떤 아이디어도 비웃지 않기로 약속했다. 서전이 의견을 냈다.

"얼굴을 붉히는 건 부끄럽거나 화가 났을 때잖아? 요정은 부끄러움을 느낄 수 있는 존재가 아닐까?"

"어떤 존재? 사람?"

"아마도 사람? 우물 안에 있다는 건 늘 같은 자리에 있다는 뜻 같은데…"

"사람… 사람… 같은 자리… 요정… 아!"

"왜? 뭔가 떠올랐어?"

부만은 과산화수소 병을 찾으러 보건실에 갔을 때 봤던 명패를 떠올렸다.

"보건 선생님! 보건 선생님 이름이 봉수정이잖아!"

"봉수정? 혹시 물 수(水)에 요정할 때 정(精)? 아니면 우물 정(井)?"

"한자까지는 모르겠고, 이름은 확실히 기억해. 내가 들어 본 이름 중에 봉 씨는 영화 감독 빼고 그 선생님밖에 없었거든."

"그럼 보건 선생님을 부끄럽게 만들면 되는 건가?!"

부만과 서전은 머리를 맞대고 고민했다. 먼저 아이디어를 꺼낸 건 서전이었다.

"선생님이 퇴근할 때 촛불을 켜고 플래카드로 고백하는 거야!"

"오, 그거 좋다! 누가 할까?"

"네가 해야지. 아이디어는 내가 냈으니까!"

"그래, 그때 기타를 치면서 노래도 부르자!"

"오! 너 기타 칠 줄 알아?"

"네가 해야지. 아이디어는 내가 냈으니까!"

한참을 뜨겁게 이야기하던 부만과 서전은 어느 순간 주제가 산으로 가고 있음을 깨달았다. 서전이 두 손으로 얼굴을 덮으며 한숨을 내쉬었다.

"야, 이건 좀 무리수 같지?"

"…어. 좀 그래."

"사람 말고 다른 동물은 어떨까? 개나 고양이도 털을 이상하게 깎으면 부끄러움을 느낀다는 글을 본 적이 있거든?"

"지난번 콩밭 근처에서 토끼 사육장을 봤어."

"토끼를 잡아서… 얼굴 털을 깎는 거야. 그럼 분홍색 가죽이 나오겠지? 거기에 비밀번호가 있으면…."

부만은 서전의 의견이 허무맹랑하다고 생각하면서도 한편으로는 감탄했다.

"너는 진짜 뭐라고 해야 하지? 창의력? 창의력이 쩐다."

"어?"

"어떻게 그런 생각을 하냐?"

"아니 뭐, 그냥 막 던져 보는 거지."

부만은 지금까지 서전과 나눈 대화를 쭉 떠올려 봤다. 아이디어를 내놓는 건 언제나 서전이었다. 서전이 아이디어를 던지면 부만은 서전이 던진 것 중에 쓸모 있어 보이는 걸 골라잡았을 뿐이었다. 며칠 전에 본 텅 빈 가을 하늘처럼, 부만은 자기 속이 텅 비어 있다고 생각했다. 문득 회의감에 빠진 부만은 한숨을 쉬고 벤치에 몸을 묻으며 말했다.

"에휴, 우리가 이러고 있는 동안 누가 갑자기 추월해 가는 거 아냐?"

"마지막에 확인했을 땐 별 변화가 없었어."

"그때가 언젠데?"

"한… 2주 전?"

"오랜만에 한번 가 볼까?"

잠시 후, 두 사람은 기자재실B에 도착했다. 서전이 사물함을 한번씩 열어 보고 말했다.

"그대로네."

"다행이다."

부만은 안심했다. 뒤에서 쫓아오는 사람도 없고, 앞서 나가고 있는 사람도 없는 지금의 상황이 부만은 무척이나 편안하게 느껴졌다. 인자가 시켜서 할 땐 그토록 싫었던 일이 지금은 하루의 낙이 되었다. 그런데 긴장이 풀린 탓일까, 아니면 추운 곳에 오래 있었던 탓일까. 부만은 아랫배에 싸한 통증을 느꼈다.

"오늘은 여기까지 하자."

"토끼는?"

"아무리 그래도 털을 깎는 건 아닌 것 같아."

"그런가?"

"어, 절대 아냐."

부만의 단호한 표정에 서전은 조금 풀이 죽었다. 지금까지 부만처럼 자신의 엉뚱한 상상력에 귀를 기울여 준 사람은 없었기 때문이다. 시무룩해진 서전의 표정에 부만은 아차 싶은 기분이 들었지만, 똥을 누러 화장실에 가야 한다고 말하기는 부끄러웠다. 잠시 고민하던 부만은 서전에게 말했다.

"그… 동물과 색깔에 대해 좀 더 고민해 보면 좋을 것 같아."

"색깔이 변하는 동물이라거나?"

"어! 그래! 그거 좋네! 내일까지 그걸 조사해서 만나자."

서전과 헤어진 부만은 아랫배에 충격이 가지 않도록 천천히 복도를 따라 걸었다. 이렇게 강력한 설사 신호가 온 것은 초등학교 때 상한 우유를 마신 이후로 처음이었다. 부만은 기자재실B 바로 근처에 있는 가족 화장실을 떠올렸다. 성별에 상관없이 쓸 수 있는 가족 화장실엔 장애인이나 아이들을 위한 설비가 모두 되어 있었는데, 각 건물에 최소 한두 곳은 설치되어 있었다. 부만은 중학교에 왜 이렇게 많은 가족 화장실이 있는 건지 새삼 궁금했다.

가족 화장실에 도착한 부만은 다급한 손길로 벨트를 풀었다. 한시가 급한 마음과 달리 벨트는 좀처럼 풀리지 않았다. 부만은 앉을 위치를 확인하기 위해 변기를 내려다봤다. 다른 화장실과 달리 변기 안엔 알록달록한 동물 그림 따위가 있었는데, 물에 잠겨 있는 부분엔 요술봉을 들고 있는 요정도 있었다.

'우물 안 요정!'

부만은 이곳이 그토록 찾던 장소임을 직감했다.

'…여기다 싸도 되나?!'

부만은 고민했지만, 그의 괄약근은 벌써 한계에 가까웠다. 곧 부만은 똥을 누는 것은 정답이 아님을 알게 되었다.

요점 노트

11월 중순, 인자가 올림피아드 본선을 마치고 돌아왔다. 아이들은 예상 결과를 궁금해했지만, 인자는 결과가 발표되기 전까진 자신도 알 수 없다며 언급을 피했다. 그러자 아이들의 관심사는 곧 2주 앞으로 다가온 기말고사로 넘어갔다. 서전과 부만은 언제나 모이던 자판기 앞에서 이야기를 나누고 있었다.

"부만아, 혹시 인자 노트 구한 거 있어?"

"아니, 아직 안 도는 것 같던데."

부만은 시큰둥한 말투로 말했다. 바로 며칠 전이 대회였던 탓인지 요점 노트에 대한 소문은 들리지 않았다. 부만의 대답에 서전은 손톱을 깨물며 말했다.

"아, 어떡하지?"

"어쩌긴, 그냥 하는 거지."

최근 부만은 평소보다 공부가 잘된다고 느꼈다. 그는 그게 최근 나기가 기숙사 방에 잘 들어오지 않는 덕분이라고 생각했다. 매일 딴짓만 하는 나기에게 중간고사 때 뒤처진 후, 부만은 나기의 일거수일투족이 너무나 신경 쓰였다. 돌이켜 생각해 보면 나기가 공부를 안 하고 있다는 사실에 분노하는 데 쓴 시간이 방에서 공부하는 데 쓴 시간보다 길 것 같았다. 최근 나기는 헬스장이나 도서관에서 시간을 보내다 10시가 되어서야 기숙사에 들어왔다. 나기가 딴짓만 하고 다니는 건 변함이 없었지만, 눈에 보이지 않는 것만으로 신경은 덜 쓰였다. 부만은 만약 이대로 요점 노트 없이 기말고사를 봐도 의외로 좋은 결과를 거두지 않을까 하는 묘한 자신감마저 들었다. 하지만 서전의 표정은 불안함으로 가득했다.

"일단 기말고사 끝날 때까지 힌트 찾기는 미뤄 두자. 어느 정도 찾았고, 방학까지 시간도 많으니까."

"그래, 어쩔 수 없지."

부만은 서전의 말이 당연하다고 생각하면서도 한편으로는 아쉬웠다. 학교 수업이 끝나면 복습을 하고, 한 시간쯤 힌트 찾기를 하다 저녁을 먹는 지금의 일과가 부만은 마음에 들었다.

"그럼 먼저 갈게. 노트 구하면 알려 줘!"

"어, 그래."

서전이 자리를 떠나고 남겨진 부만은 잠시 멍하니 주변을 바라봤다. 단풍이 떨어져 허전해진 나뭇가지 사이로 햇빛이 부서지듯 비췄다. 부만은 눈을 가늘게 뜨고 태양을 바라봤다. 평소와 같은 시각이었지만 해는 몇 주 전에 비해 눈에 띄게 저물어 있었다. 서늘한 바람이 낙엽을 몰고 갔다. 사방에 겨울을 알리는 신호들이 가득했다. 계절이 이토록 분주히 변한다는 걸 예전엔 미처 알지 못했다.

멍하니 걷던 부만은 요정 변기가 있는 가족 화장실 앞에서 걸음을 멈췄다. 자신이 왜 이곳에 왔는지 알 수 없었다. 그저 저녁 식사 전에 가벼운 산책을 할 생각이었는데, 정신을 차리고 보니 어느덧 이곳을 지나고 있었다.

"…"

부만은 잠시 머뭇거리다 화장실 안으로 들어가 변기를 살펴봤다. 요정 변기는 벽에 있는 전자 스위치로 제어되는 일체형 변기였다. 일체형 변기는 변기 위쪽에 물탱크가 없다는 점이 보통의 변기와 달랐다.

부만은 물 내림 버튼을 더블 클릭하듯 연속으로 눌러 봤다. 그다음 번엔 세 번, 네 번을 연달아 눌러 보기도 했다. 물이 다 내려간 뒤에 바로 물을 내려 보기도 하고, 조작 패널에 있는 다른 버튼들을 한 번씩 눌러 보기도 했다. 일단 생각나는 조합을

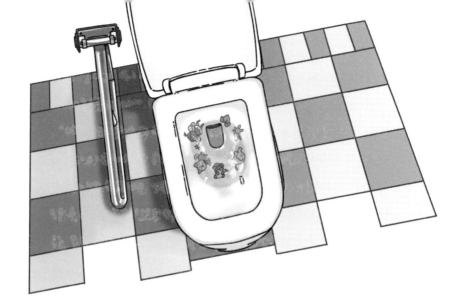

모두 시도해 본 부만은 다른 방법을 고민했다.

'변기에 물을 퍼내고 빨간 물감을 칠해 보는 건 어떨까?'

부만은 아이디어가 너무 일차원적이라고 생각하면서도 이러다 보면 뭐라도 나오지 않을까 하는 기대를 저버릴 수 없었다. 부만은 자기 안에도 '창의력' 같은 게 있는지 확인하고 싶었다.

시험 기간을 일주일쯤 남기고, 아이들 사이에선 인자의 요점 노트가 퍼지기 시작했다. 평소보다 촉박한 시간에 아이들은 어느 때보다 열심히 노트를 모으기 위해 뛰어다녔다. 중간고사 때 공공연히 노트 이야기가 나왔기 때문인지, 아이들은 발레부의 눈을 신경 쓰지 않고 노트를 주고받았다. 하지만 여전히 지수의 눈치를 살피는 아이들이 많았기에, 지수가 교실에 나타나는 순간마다 적막이 흐르곤 했다. 리나에게 대략적인 이야기를 들은 지수는 그 모습이 무척이나 고까웠다.

"야, 그냥 너희들끼리 봐. 난 관심도 없는데 왜 난리야?"

지수는 자리에 앉아 의자를 뒤로 빼더니 손으로 의자를 잡고 딥스 운동을 시작했다. 주변의 분위기를 아랑곳하지 않는 그의 모습에 아이들은 다시 두런두런 노트 교환을 시작했다.

같은 시각, 리나는 보건실에서 파스를 붙이고 교실로 돌아오고 있었다. 시험 전 마지막 운동이라 무리를 했는지 여기저기 아프지 않은 곳이 없었다. 깊은 한숨을 내쉬며 복도를 걷는 리나의 앞을 인자가 막아섰다.

"…?"

리나는 당혹스러운 표정을 지으며 옆으로 지나가려 했지만, 인자는 오른손을 뻗어 리나를 멈춰 세웠다. 리나는 인자의 눈을 똑바로 보며 물었다.

"뭐 하는 거야, 지금?"

"너한테 줄 게 있어서."

인자는 왼손에 들고 있던 파일을 리나에게 내밀었다. 리나는 경계심을 풀지 않고 파일과 인자의 눈을 번갈아 보며 물었다.

"…뭔데 이게?"

"보면 알아."

리나는 파일을 받아 펼쳤다. 그 안엔 노트 2권 정도 되는 양의 필기 복사본이 끼워져 있었다. 처음엔 인자의 노트라고 생각했지만, 프린트엔 적어도 4~5명의 글씨체가 섞여 있었다.

"이게 애들이 찾는 그 요점 노트구나?"

"아니, 애들이 찾는 건 그냥 조각난 빈껍데기야. 네가 들고 있는 게 진짜 핵심 노트고."

인자는 자신만만한 표정으로 웃으며 말했다. 리나가 물었다.

"애들이 보는 건 빈껍데기라고?"

"응. 그건 말로는 요점 노트지만 내용은 일일이 다 찾아서 공부해야 하는 목차 같은 거야. 그리고 진짜 고난도 문제들은 빠져 있지."

"그럼 애들은 왜 그걸 구하려고 안달이야?"

"뭐, 100점은 무리여도 제대로 공부하면 꽤 도움이 되거든. 그리고 남들은 다 보는데 자기만 못 보면 손해 볼 것 같은 마음에 저렇게 안달복달하는 거지. 그 시간에 공부할 생각들은 안 하고 말이야."

인자는 지금 상황이 무척이나 우스운 듯 소리 없이 웃었다.

리나가 인자에게 물었다.

"그래서 나한테 이걸 왜 주는 건데?"

"그냥."

"그냥?"

"미래의 발레리나에 바치는 팬심이라고 치자."

리나는 황당한 표정으로 인자를 쳐다봤지만, 그는 아랑곳하지 않고 리나의 옆을 스쳐 지나갔다. 리나는 그대로 자리에 서서 몇 가지 정보를 파악했다. 아마도 인자의 목적은 많은 아이를 노트에 의존하게 만들고, 노트를 찾느라 시간을 허비하게 해서 상위권이 될 수 없게 하려는 것 같았다. 실제로 노트가 가장 활발히 돌고 있는 3반의 반 평균은 다른 반보다 높았지만, 각 과목에서 100점을 맞은 사람은 다른 반과 비슷하거나 더 적었다.

인자의 계획에 리나는 어깨에 소름이 돋았다. 리나가 교실 쪽으로 발걸음을 옮기려는 순간, 조금 떨어진 곳에서 상황을 지켜보고 있던 서전이 리나에게 접근했다. 서전은 인자가 파일을 가지고 교실을 나설 때부터 그의 뒤를 쫓아온 참이었다.

"야, 저기, 그 노트, 잠깐만 좀 보여 줄래?"

리나는 반사적으로 파일을 몸 뒤로 숨겼다. 서전은 어색한 웃음을 지으며 목덜미를 긁적였다.

"잠깐이면 돼. 혹시 '진짜' 노트인지 궁금해서."

진짜 노트라는 표현이 서전의 입에서 나오자, 리나는 자신도 모르게 어깨를 움찔했다. 리나의 반응을 본 서전의 눈빛이 달라졌다.

"그거, 진짜구나?"

서전의 눈빛을 본 리나는 교실 반대편으로 달리기 시작했다. 정확히 뭐라 표현할 수는 없지만, 리나는 그 눈빛이 참을 수 없이 소름 끼친다고 생각했다.

"야! 안 뺏어 가! 복사만 하고 줄게! 야!"

서전은 리나의 뒤를 쫓아 달렸지만, 운동엔 젬병인 서전이 매일 운동하는 리나를 잡는 것은 무리였다. 리나는 마치 허공을 뛰는 것 같은 가벼운 발걸음으로 복도 저편으로 사라졌다.

프레온

안전한 곳까지 도망친 리나는 파일을 어떻게 할지 고민하기 시작했다. 인자와 나눴던 대화와 조금 전에 본 서전의 표정, 그리고 나기의 얼굴이 교대로 머릿속에 떠올랐다.

'왜 지금 나기가 생각나는 거지?'

리나는 이 노트로 공부했을 때 절약할 수 있는 시간과 여러 장점에 대해 생각했다. 전 과목의 핵심 요약이 이 정도 분량이라면 시험 기간에도 평소처럼 운동을 할 수 있을 것 같았다. 하지만 모든 일엔 대가가 있는 법이었다. 인자가 자신에게 무엇을 바라는지는 몰라도 그가 이유 없는 호의를 베풀 인간이 아니라는 건 직감적으로 알 수 있었다.

'이건 돌려줘야겠어.'

마음을 굳힌 리나는 곧장 교실로 돌아갔다.

"이거, 돌려줄게."

리나는 인자에게 파일을 건네주며 서전을 바라봤다. 리나와 눈이 마주친 서전은 황급히 시선을 피했다. 인자는 웃으며 파일을 받아들었다.

"뭐, 그러든가."

곧 수업 종이 울리고 공위성 선생이 교실로 들어왔다. 리나는 바삐 자리로 돌아가 필기할 준비를 했다.

"1928년, 미국의 화학자 토머스 머즐리는 무독하고 안전한 냉매를 연구하던 중 염화불화탄소 합성에 성공한다. 흔히 프레온이라고 부르는 바로 그 물질이다. 그가 합성한 프레온은 독성, 폭발성, 부식성이 없는 데다가 저렴하고, 냉매로서의 능력 또한 매우 우수한 마법 같은 물질이었다. 이 같은 이유로 프레온가스는 냉장고, 에어컨, 스프레이, 발포제, 세척제 등 산업 전반으로 빠르게 퍼져나갔다. 이 마법 같은 물질의 대가가 밝혀진 건 그로부터 약 40년이 지난 시점이었다. 멀쩡하던 남극 상공의 오존층에 구멍이 뚫린 것이다. 안정된 물질인 프레온은 자연 상태에서 분해되지 않아 성층권까지 상승했고, 강력한 자외선에 의해 분해되면서 주변의 오존과 반응했다. 지표면에 있는 생물들을 유해한 자외선으로부터 보호하는 바로 그 오존이다. 프레온에서 떨어져 나온 염소는 촉매처럼 오존을 산소로 바꾸는 반응을 계속하는데, 염소 원자 1개가 약 10만 개의 오존 분자를 파괴하는 것으로 알려져 있다. 이 같은 연구 결과를 근거로 1987년 오존층 파괴 물질을 규제하는 몬트리올 의정서가 채택되었다. 적극적인 규제와 세계적인 협조 덕분에 급격히 확대되던 오존홀은 2010년부터 팽창을 멈추고 조금씩 회복되기 시작했다. 이렇게 지구는 스스로 치료하는 놀라운 능력이 있다. 어디까지나, 인류가 더 빠른 속도로 지구를 파괴하지 않는다면 말이다.”

공위성 선생의 수업을 들으며 리나는 인자의 노트가 프레온과 비슷하다고 생각했다. 편리하지만 환경을 파괴하는 프레온처럼, 인자의 노트는 보이지 않는 곳에서 부작용을 낳을 것 같았다. 하지만 자신이 이런 이야기를 해도 아무도 믿어 주지 않을 것이다. 어쩌면 노트를 받지 못한 불만에 헛소리를 지껄인다고 생각할지도 모른다. 리나는 차라리 노트의 존재를 모르던 때가 속 편했다고 생각했다.

수업이 끝나고 리나는 아지트로 향했다. 시험 기간엔 30분 정도 스트레칭만 하고 나기와 도서관에서 만날 생각이었다. 리나가 텅 빈 금성관 복도를 걷고 있을 때, 뒤에서 서전이 달려와 리나의 손목을 붙잡았다.

“야, 잠깐만, 나랑 이야기 좀 해.”

"무슨 이야기? 아까 그 파일이라면 인자한테 돌려줬어. 너도 직접 봤잖아?"

"이미 복사했을 거 아냐. 나도 좀 같이 보자."

"아니거든?"

"나도 맨입으로 달라는 건 아니야. 뭐가 필요해? 내가 최대한 맞춰 줄게."

"나한테 이제 없다니까?!"

리나가 서전의 손을 뿌리치며 소리쳤다. 서전은 잠시 인상을 찌푸리더니 곧 뒷주머니에서 지갑을 꺼내 안에 들어 있는 5만 원짜리 지폐를 전부 집어 들었다.

"5, 10, 15… 지금 30만 원 있어. 이걸로 어때?"

이쯤 되니 리나도 할 말을 잃을 지경이었다. 동급생의 지갑에서 30만 원이라는 거금이 튀어나온 것도 놀랄 일이었지만, 핵심 노트를 30만 원에 사겠다는 이 상황이 도저히 이해되지 않았다. 리나가 고민한다고 착각한 서전은 자신이 가진 패를 더 꺼내 들었다.

"역시 부족해? 그래, 50만 원 맞춰 줄게. 복사만 하고 50만 원. 괜찮지?"

서전이 돈으로 핵심 노트를 구하려고 시도한 건 이번이 처음이 아니었다. 서전의 집은 여유로운 편이었고, 지금껏 용돈으로 많은 문제를 해결할 수 있었다. 하지만 인자 친위대에 있는 아이들은 자신과 또 다른 세계에 살고 있었다. 이미 100만 원짜리 운동화를 신고, 몇백 만 원짜리 시계를 차는 아이들에게 서전이 제시할 수 있는 돈은 푼돈이었다. 그들에겐 등수를 하나라도 더 올려서 부모님에게 생색을 내는 게 훨씬 안전하고 확실한 용돈벌이였다.

서전의 제안을 들은 리나는 기분이 울적해졌다. 50만 원이면 토슈즈를 5켤레쯤 살 수 있는 돈이었다. 없는 시간을 쪼개 토슈즈를 조금이라도 더 오래 쓸 수 있게 해 주는 약품을 바르던 자신이 참 초라하게 느껴졌다.

"…계속 말해 봤자 안 믿을 것 같지만, 정말 나한텐 없어."

리나가 서전의 옆을 비켜 가자, 서전이 리나가 들고 있는 가방을 낚아채듯 잡아당겼다.

"거짓말하지 마! 여기 복사본 있잖아!"

"꺄악! 너 미쳤어?!"

리나가 소리를 지르며 가방을 붙잡았다. 하지만 자신보다 덩치가 큰 서전을 힘으로 당할 수는 없었다. 서전이 가방을 붙잡고 지퍼를 열려던 순간, 갑자기 그의 몸이 공중으로 떠올랐다.

'쿵!' 하는 충격이 온 뒤에도 서전의 몸은 한참 동안 복도를 미끄러졌다. 움직임이 멈춘 뒤에도 서전은 이 상황을 이해할 수 없었다. 그는 리나 옆에 서 있는 지수의 모습을 발견하고서야 사태를 파악했다. 지수가 자신의 옷 뒤를 붙잡아 말 그대로 집어 던진 것이다.

"야, 너 뭐야?"

지수가 서전에게 물었다. 서전은 뒤늦게 손발이 덜덜 떨리고 이가 맞부딪히는 공포를 느꼈다. 방금과 같은 힘으로 두들겨 맞는 상황은 상상조차 하고 싶지 않았다. 서전은 두 손을 머리 위로 든 채 천천히 자리에서 일어났다.

"저기, 오해야. 나는 서로 윈윈하는 방법을 찾고 싶었어. 정말 네 말이 사실이면, 가방 안을 한 번만 보여 줘. 그럼 더 귀찮게 안 할게."

"무슨 개소리야? 안 꺼져?!"

지수가 서전을 위협하자 서전은 펄쩍 뛰듯 리나에게서 두어 걸음 물러섰다. 그러면서도 좀처럼 떠날 기미를 보이지 않는 서전의 모습에 리나는 한숨을 쉬며 말했다.

"정말 그거면 되는 거지?"

리나는 가방을 열어 안에 있는 내용물을 바닥에 늘어놓았다. 교과서 몇 권과 공책 몇 권, 천으로 된 필통, 그리고 손바닥 크기의 파우치 하나가 나왔다. 리나는 가방을 뒤집어 공중에 흔들어 보였다. 텅 빈 가방에선 지퍼 흔들리는 소리 외엔 아무 소리도 나지 않았다. 혼란에 빠진 서전이 절규하듯 소리쳤다.

"그럴 리가… 아! 핸드폰! 핸드폰으로 찍은 거지?!"

"너 정말 그만 안 해?! 그깟 노트가 뭔데 이러는 거야?"

"그깟 노트라니? 그 노트가 어떤 노튼데!"

"어떤 노트든 뭐든 이제 나한테 없다고! 보고 싶으면 인자한 테 달라고 하든가!"

리나의 눈에서 눈물 몇 방울이 후두둑 떨어졌다. 이 상황이 너무 답답하고 억울했고, 지수가 나타나 안심한 것도 있었다. 리나의 표정을 본 지수가 서전을 쫓아내려 다가서자, 서전은 재빨리 몇 걸음 더 뒤로 물러서며 리나에게 소리쳤다.

"100만 원! 100만 원 줄 수 있어! 그게 진짜 전부야! 생각 바 뀌면 말해 줘! 그럼 간다?!"

말을 마친 서전은 뒤돌아 도망쳤으나 조금 전 주머니에 쑤셔 넣었던 지폐가 삐져나와 복도에 흩어졌다. 허둥지둥 돈을 주워 담는 서전을 한심하게 쳐다보던 지수가 리나에게 물었다.

"쟤 지금 무슨 소릴 하는 거야?"

리나는 지수에게 오늘 있었던 일을 설명했다. 지수는 마치 자기 일인 듯 답답해하며 가슴을 쳤다.

"와, 진짜 어이가 없네. 단체로 미친 거 아냐?"

"나도 일이 이렇게 될 줄은 몰랐어."

리나는 처음부터 인자가 건넨 노트를 받지 말아야 했다고 생각했다.

'인자는 지금 이 상황까지 예측했을까? 근데 걔가 나한테 무슨 억하심정이 있어서? 설마 나기랑 관련된 일인가?'

의심이 꼬리의 꼬리를 물었지만 확실한 것은 아무것도 없었다. 점점 생각의 미궁으로 빠져들던 리나는 핸드폰 알람 소리에 정신을 차렸다. 나기와 도서관에서 만나기로 한 시간이었다.

"아— 오늘 스트레칭도 못 하고 이게 뭐야."

투덜거리며 아지트 문을 나서는 리나의 뒤를 지수가 따라붙었다.

"바래다줄게."

리나는 사양하려다가 불안한 마음에 고개를 끄덕였다. 서전이나 다른 누가 언제 어디서 나타날지 모를 일이었다.

한편 나기는 토론실에서 리나를 기다리고 있었다. 그에게 오늘 이 시간은 무척이나 큰 의미가 있었다. 지수에게 강인한 육체가 있다면 자신의 무기는 공부라고 생각했다. 나기는 리나와 단둘이 있는 시간을 위해 최신 유행어와 유머를 조사했으며, 도서관에 있는 대화법에 관한 책 대부분을 읽었다. 그리고 미리 공부할 프린트까지 준비했다.

　이미 만반의 준비를 마쳤기에 기다림의 시간은 유달리 길었다. 나기는 창밖으로 리나가 오고 있는지 확인했다.

　"…!"

　나기는 화단 옆길을 따라 리나와 지수가 나란히 걸어오는 모습을 봤다. 도서관이 있는 목성관 입구까지 함께 걸어온 두 사람은 반갑게 손을 흔들어 인사하고 헤어졌다. 다시 금성관 쪽으로 걸어가는 지수를 보며 나기는 머릿속이 복잡해졌다. 잠시 후 리나가 토론실 문을 열고 들어왔다.

　"미안, 좀 늦었지?"

　"아니야, 괜찮아."

　"금방 준비할게. 정말 미안해."

　리나가 짐을 풀고 공부할 준비를 하는 동안, 나기는 끊임없이 입술을 달싹거리며 속으로 질문을 삼켰다.

　'혹시 지수랑 사귀는 거야? 그럼, 나는 너한테 어떤 존재야?'

　나기는 이 질문들의 예상 답안을 순서대로 나누어 시뮬레이션했다. 어떤 것들은 나쁘지 않게 흘러갔지만, 어떤 것들은 상상하는 것만으로도 가슴이 아팠다. 그래서 나기는 리나에게 아무것도 묻지 않기로 했다.

　그리고 다음 날도, 그다음 날도 나기는 창밖으로 지수가 리나를 배웅하는 모습을 지켜봤다. 이 모습을 보면 가슴이 아플 것임을 알면서도 왜 계속 지켜보게 되는지 나기는 자신의 행동을 이해할 수 없었다.

균열

열흘이 지나 기말고사가 모두 끝났다. 이번 시험의 다크호스는 나기였다. 아이들끼리 주고받은 정보에 따르면 나기는 이번 시험에서 전교 2등을 했다. 또 다른 의미에서 주목을 받은 사람은 리나였다. 지수와 함께 전교에서 하위권으로 손꼽히던 리나는 단숨에 중위권으로 올라왔다. 내로라하는 아이들이 모인 과학특성화중학교에서 이 정도로 성적이 급변하는 경우는 흔치 않았다.

리나의 성적을 본 서전의 의심은 확신으로 변했다. 그는 이번 시험에서 하위권으로 떨어졌다. 서전은 예전부터 벼락치기에 약한 타입이라 시험 준비를 오래 하는 편이었는데, 이번엔 시험 기간 직전에 요점 노트를 구하러 동분서주하다 보니 리듬이 꼬여 버렸다.

'그 노트만 있었어도…!'

서전은 태어나서 지금만큼 분한 순간은 없는 것 같았다. 인자도, 나기도 모두 마음에 들지 않았다. 이번 시험에서 중간고사 때만큼 좋은 성적을 얻은 부만도 의심스러웠다. 뭐니뭐니 해도 제일 꼴 보기 싫은 건 리나였다. 참을 수 없는 분노에 몸을 부들부들 떨던 서전은 지수와 이야기를 나누고 있는 리나에게 다가갔다. 지수에게 한 대 맞는 한이 있더라도 한마디는 해야 속이 풀릴 것 같았다.

"그 노트를 보고 공부한 결과가 고작 그거냐?"

갑작스러운 서전의 등장에 리나는 황당한 기분을 감출 수 없었다. 이 소동이 시험이 끝난 뒤까지 이어지리라고는 생각지도 못했다.

"넌 아직도 그 소리니?!"

"지금 네 성적이 그 증거잖아!"

"방금은 고작 그거냐며?"

"어쨌든!!"

서전은 소리를 질러놓고 아차 싶었는지 지수를 바라봤다. 첫 마디만 하고 도망칠 걸 실수했다는 생각도 뒤늦게 들었다. 하지만 지수는 이 상황에 바로 개입할 생각이 없어 보였다. 지수는 영어, 도덕, 역사에서 낙제점을 받았다. 영어에 올인하느라 같은 날 친 두 과목을 망했는데, 영어까지 1점 차로 낙제했다. 그는 그 사실이 무척이나 실망스러웠다. 내내 같은 편이라 생각했던 리나가 하위권에서 탈출한 것도 큰 충격이었다. 리나가 평소 발레에 얼마나 많은 시간을 쏟았는지 지수는 잘 알고 있었다. 이번 결과로 운동하느라 공부를 못한다는 변명 거리조차 사라진 것 같아 지수는 온몸에 기운이 쭉 빠졌다.

"야, 솔직히 인정할 건 인정하자."

지수가 별 반응이 없자 기세등등해진 서전은 리나를 더욱 몰아세웠다. 리나는 정말 복장이 터질 것 같았다. 대체 어떻게 해야 이 의심을 떨칠 수 있을까? 핸드폰 사진집을 보여 주면 될까? 그럼 시험 공부가 끝나서 지웠다고 할 것이다. 이 상황을 피할 방법은 처음부터 인자의 노트를 받지 않는 길뿐이었다. 리나가 체념한 표정으로 고개를 떨구고 있을 때 나기가 리나의 앞을 막아섰다. 나기는 서전을 똑바로 노려보며 말했다.

"지금 뭐 하는 거야?"

"맞다, 너도 이번에 성적 좀 올랐더라? 노트 덕 좀 보니까 어때?"

"노트? 무슨 노트?"

"와, 어떻게 얼굴색 하나 안 변하고 그렇게 잡아떼냐. 대단하다, 대단해."

서전은 비아냥거리며 자리를 떠났다. 서전이 자리를 떠난 뒤, 리나는 분함에 눈물을 뚝뚝 흘렸다. 자신 때문에 나기까지 같은 취급을 받게 된 게 너무나 억울하고 미안했다.

그날 오후, 나기는 리나에게 시험 기간에 있었던 사건을 전해 들었다.

"마음고생 많았겠다. 오늘은 아무 생각 말고 쉬어."

나기는 리나를 위로한 뒤 지수를 찾아갔다. 우선은 시험 기간 동안 리나를 지켜 주느라 고생했다고 말할 생각이었지만, 마음속에 풀리지 않는 의문 몇 가지가 있어서였다.

지수는 금성관 뒤뜰에서 봉사활동을 하고 있었다. 이제 막 시험이 끝난 참이었지만, 봉사활동을 마치기 전까지는 체력단련실도 이용할 수 없었다. 게임 센터는 몰라도 체력단련실까지 막는 건 너무한 처사라고 지수는 생각했다. 나기가 지수에게 다가가 말했다.

"리나한테 이야기 들었어. 너도 고생 많았겠더라."

"고생은 뭘."

나기는 지수와 수다를 떨며 지수의 봉사활동을 도왔다. 잠시 후, 나기는 본론으로 들어갔다.

"근데 오늘 서전이가 말할 때 넌 바로 옆에 있었잖아. 그 전에 리나랑 무슨 일이 있었는지도 다 알고 있었는데 왜 아무 말도 안 한 거야?"

"아니, 뭐, 상황이 상황이다 보니…. 그리고 걔 말도 일리가 있구나 싶어서."

"무슨 상황?"

"리나가 너랑 공부한 게 어제오늘 일이 아닌데, 이번에만 성적이 엄청 올랐잖아?"

"그거야 리나가 공부를 열심히 했으니까…."

"야, 걔가 여기서 공부해 봤자지. 솔직히 걔나 나나 공부로 여기서 명함 내밀긴 틀린 거 몰라? 죽도록 공부해서 그런 거면 말이나 안 해. 평소엔 맨날 발레만 하는데 성적이 그렇게 올랐으면 뭐가 있어도 있는 거지."

"지금 너까지 리나를 의심하는 거야?"

"의심하는 게 아니라, 좀 섭섭하다 이거야. 그렇게 좋은 게 있으면 같이 보든가 하지, 나는 쏙 빼놓고 자기만 살겠다고 빠져나간 게 더럽고 치사해서…."

다음 순간 나기의 주먹이 지수의 얼굴을 강타했다. 예상치 못한 공격에 지수는 뒤로 엉덩방아를 찧었다. 지수는 누군가에게 맞아서 넘어져 본 것도 처음이었지만, 그 상대가 나기라는 게 더 어이가 없었다. 엉덩이를 툭툭 털고 일어난 지수는 껄껄 소리 내어 웃었다.

"야, 네 눈엔 리나가 천사로 보이지? 정신 차려. 걘 처음부터 공부 가르쳐 달라고 너 꼬신 거야. 너랑 있어 봤자 간당간당하다 싶으니까 이번엔 인자한테 붙은 거고. 아니면 개가 리나한테 노트를 왜 줬겠냐?"

"너어!!"

나기는 다시 주먹을 들고 지수를 향해 달려들었다.

'퍽!'

지수의 주먹이 나기의 배에 꽂히듯 파고들었다. 나기는 눈이 튀어나올 것 같은 통증과 함께 두 발이 바닥에서 떨어지는 것을 느꼈다. 나기는 무너지듯 바닥에 무릎을 꿇었다.

"…!"

토하지도 않았는데 코와 입을 통해 토사물이 흘러내렸다. 이렇게 맞으면 정말 죽을 수도 있겠다는 감각이 몸을 굳게 만들었다. 바닥에 쓰러진 채 몸을 가누지 못하는 나기를 보며, 지수는 자신이 좀 심했다는 생각에 뒷머리를 벅벅 긁었다. 하지만 이미 엎질러진 물을 다시 담을 수는 없었다. 나기가 억지로 힘을 짜내 말했다.

"리나는… 우리 친구잖아…!"

"나도, 네 친구야."

지수는 그 한마디를 남기고 자리를 떠났다. 지수가 떠난 공터엔 조금씩 눈발이 날리더니 어느덧 함박눈이 쏟아지기 시작했다. 올해의 첫눈이었다.

나기는 한참 후에야 몸을 가누고 일어났다. 주변엔 얇게 눈이 쌓이고 있었다. 점점 하얗게 변해 가는 주변을 보며 나기는 이 모든 사태의 원흉이 누구인지 생각했다. 이것저것 거추장스러운 정보를 모두 걷어 내고 보니 서전은 들러리일 뿐이었고, 지수는 분위기에 휩쓸린 평범한 사람이었다.

"…인자."

결론을 도출한 나기는 비틀비틀 걸음을 옮겼다.

"이인자."

나기는 주먹을 부르쥐었다. 지수를 때린 오른손이 다시금 화끈거렸다.

승부

　다음 날, 평소보다 조금 늦게 등교한 나기는 인자 앞에 섰다. 주머니에 손을 넣은 채 음악을 듣고 있던 인자는 한쪽 이어폰을 빼고 나기에게 말했다.

　"왜? 나한테 무슨 볼일 있어?"

　"리나한테 사과해."

　"…내가? 리나한테? 왜?"

　"네가 리나를 함정에 빠트렸어."

　"아니지, 걔가 자기 팔자를 꼰 거지. 그렇게 깨끗한 척하고 싶었으면 처음에 딱 잘라 거절하든가. 괜히 박쥐처럼 잔머리 굴리다가 이도 저도 아닌데 끼어서 그렇잖아."

　나기는 고개를 비스듬히 옆으로 기울인 채 텅 빈 표정으로 인자의 얼굴을 주시했다. 그 표정은 화가 난 것 같기도 했고,

다른 생각에 빠진 것 같기도 했다. 잠시 정적이 흐른 뒤, 나기가 고개를 반대쪽으로 기울이며 인자에게 말했다.

"…리나가 아니라 내가 목표였구나?"

"어?"

"너 나한테 무슨 열등감 있지?"

자신을 똑바로 바라보는 나기의 눈빛에 인자는 가슴이 뛰기 시작했다. 어린 시절 멈춰 버린 톱니바퀴가 맞물려 돌아가는 소리가 귓가를 선명하게 울렸다. 인자는 과장된 웃음으로 설레는 표정을 감췄다.

"와하하! 내가? 너한테? 와- 착각도 이쯤 되면 병인데?"

인자가 웃자 상황을 지켜보던 아이들도 덩달아 웃었다. 나기는 아랑곳하지 않고 다시금 반대편으로 고개를 기울이고 인자의 얼굴을 빤히 쳐다봤다. 한참을 그렇게 서 있던 나기는 무표정한 얼굴 그대로 인자에게 말했다.

"수학 학력 경시 대회. 우수초등학교 2학년 이인자."

인자의 목덜미에 소름이 돋았다. 지금 나기의 모습은 인자가 마음속에 가지고 있던 이미지가 그대로 구현된 것 같았다. 인자의 표정에서 웃음기가 사라졌다. 전율로 가득 찬 그의 눈엔 약간의 경외심마저 담겨 있었다.

"기억났어?"

"고작 그때 나한테 진 것 가지고 이 난리를 친 거야?"

"아니?"

"그럼 뭐가 문제야?"

"나랑 다시 한번 승부를 가리자. 이기면 알려 줄게."

"⋯."

인자가 고갯짓으로 교실 밖을 가리켰다. 곧 수업 종이 울릴 시간이었기에 아이들은 웅성거렸지만 두 사람은 그대로 교실을 나갔다. 잠시 후, 종소리와 함께 하유아 선생이 교실로 들어왔다. 1교시는 학급 회의 시간이었다.

"반장, 인사."

아이들이 서로 눈치를 보는 사이, 서전이 큰 소리로 외쳤다.

"나기랑 반장이랑 실수로 부딪혀서 같이 보건실에 갔어요!"

아이들은 속으로 감탄사를 삼켰다. 앞으로 벌어질지도 모르는 일을 생각하면 그 이상 좋은 변명거리는 없을 것 같았다.

"그래? 그럼 부반장, 인사."

왼손에 턱을 괴고 앉아 있던 지수는 마지못해 자리에서 일어났다. 손을 치우자, 붓고 멍든 얼굴이 고스란히 드러났다.

"넌 또 얼굴이 왜 그래?"

"앞을 안 보고 뛰다가 철봉에 부딪혔어요."

"⋯누가 때린 것 같은데?"

"저를요?"

황당해하는 지수의 반응에 아이들 사이에선 웃음이 터졌다. 과학특성화중학교에 지수에게 주먹을 휘두를 정도로 머리가 나쁜 학생이 있을 리 없었다. 하유아 선생은 실소했다.

"하긴, 그것도 그렇네. 인사하자."

"차렷, 경례!"

지수의 구령에 맞춰 아이들은 고개를 숙였다. 수업이 시작된 후에도 아이들의 관심은 온통 인자와 나기가 지금 무엇을 하고 있을지에 쏠려 있었다.

그 시각, 인자와 나기는 옥상에 있었다. 어제 내린 눈으로 하얀 양탄자처럼 변한 옥상엔 두 사람의 발자국만 점선처럼 남아 있었다. 인자가 나기에게 말했다.

"그럼, 학교의 두 번째 비밀을 먼저 푸는 사람이 승리야."

"좋아."

"너흰 4번 사물함까지 열었지? 공평하게 출발할 수 있게 6번이랑 7번 사물함 답을 알려 줄게."

"과산화수소랑 곰팡이?"

"…맞아."

인자는 역시나 하는 표정으로 비밀번호를 알려 줬다. 옥상을 떠나려던 나기는 발걸음을 멈추고 인자를 돌아봤다.

"네가 이기면, 그땐 어떻게 되는 거야?"

"내가 이기면, 네가 지는 거지."

인자는 망설임 없이 답했다. 나기는 인자의 미세한 표정에 집중했다. 하지만 그의 눈에선 어떤 긴장감이나 흔들림도 찾을 수 없었다.

"이상한 놈."

"너야말로."

나기가 옥상을 떠난 뒤 인자는 눈밭 위에 벌렁 드러누웠다. 몸에 남은 열기 때문인지 눈이 스며드는 느낌이 싫지 않았다.

"하아…."

인자는 긴 한숨을 내쉬며 눈을 감았다. 마음 같아서는 이대로 잠들고 싶을 정도로 가슴이 충만했다. 하지만 진짜 경주는 이제 막 시작된 참이었다. 인자는 자리에서 벌떡 일어나 눈을 털었다. 그는 딱 5분만 이 기쁨을 만끽하고 전심전력으로 문제를 풀기로 했다.

"아~싸 호랑나비!! 짜! 짜! 짜!"

인자는 옛날 트로트 노래에 맞춰 춤추는 것을 좋아했다.

한편 나기는 보물창고로 가 6번과 7번 사물함에 인자가 말한 비밀번호를 입력했다. 사물함은 아무 문제없이 열렸다.

'남은 문제는 5, 8, 9번인가.'

나기는 남은 문제들을 머릿속으로 떠올렸다.

5. 우물 안 요정의 얼굴을 붉게 물들여라.

8. 시간이 뒤집힌 곳에서 발밑을 보라.

9. 마지막 실마리를 찾아라.

나기는 학교의 풍경을 떠올렸다. 전시관에서 본 그림, 화단의 조각상, 벽에 걸린 간판 등이 머릿속을 스쳐 지나갔다. 잠시 후 나기는 리나와 나눴던 대화를 떠올렸다.

'저 위에 있는 동그란 건 뭐야?'

'저건 화폐석이라는 신생대 생물이야.'

'그렇구나. 그런데 여기 이런 조각이 왜 있지?'

삼엽충이 있던 곳은 진한 주황색, 암모나이트가 있던 벽은 옅은 주황색, 화폐석이 있던 벽은 노란색에 가까운 벽돌이었다. 나기는 예전에 지오와 나눴던 대화를 떠올렸다.

'나기야, 그거 알아? 학교 벽엔 지질 구조가 나타난 곳이 많다?'

'그래?'

'처음엔 줄을 그냥 잘못 맞춘 줄 알았는데, 알고 보니 정단층이랑 역단층, 습곡 같은 거였어. 게다가 부정합으로 된 곳도 있더라니까?'

'부정합이라면 습곡이 융기해서 침식을 겪고 다시 침강해서 평행한 지층이 쌓인 거?'

'응. 그런 걸 경사 부정합이라고 해. 부정합 중엔 모든 면이 평행한 평행 부정합도 있고, 화성암이나 변성암 위에 퇴적층이 쌓인 난정합도 있어.'

나기는 지오의 지질학적 지식에 놀라며 물었다.

'모든 면이 평행하면 부정합인 건 어떻게 알아?'

'부정합면엔 침식 과정에서 생긴 자갈이 쌓인 경우가 많아. 이런 퇴적물을 기저역암이라고 하는데, 지층 사이에 기저역암이 나타나면 부정합일 확률이 높지. 아, 마침 여기 있네.'

지오는 화성관 벽을 가리켰다. 어두운 붉은 벽돌과 보통의 붉은 벽돌 사이에 자갈을 콘크리트에 섞어 굳힌 층이 하나 끼어 있었다. 그 돌층이 기저역암일 거라고는 상상해 본 적 없는 나기였다. 그건 나기가 다른 과학 분야에 비해 지질학에 관심이 적은 탓도 있었다.

'넌 예전부터 지질학을 좋아한 거야?'

'응. 할아버지 집이 있는 강원도 태백은 지질 구조가 복잡해

서 고생대 대기층부터 신생대 하성층까지 다양한 지층이 모두 나타나거든!'

지질 구조에 생각이 미치자, 나기는 이 문제의 핵심 키워드가 무엇인지 깨달았다. 지각에 큰 변동이 생기면 지층의 아래층과 위층이 뒤집히는 지층 역전이 일어날 수 있다. 심한 역단층, 오버스러스트, 횡와 습곡 등이 대표적인 사례였다.

나기는 보물창고를 나와 다시 옥상으로 향했다. 주변을 넓게 살펴보기 위해선 옥상만큼 좋은 장소가 없다고 생각했다. 출입문에 가까이 가자, 인자의 노랫소리가 들렸다.

"그대를~ 포기할 순~ 없어요~~! 이! 인! 자!"

쭉 뻗은 팔을 공중에서 교차하며 춤을 추는 인자는 무아지경에 빠져 있는 듯했다. 잠시 할 말을 잃고 인자의 모습을 쳐다보던 나기는 소리 없이 발걸음을 돌렸다. 앞으로 가능하면 인자와 얽히는 일이 없게 주의해야겠다고 생각했다.

잠시 후, 나기는 목성관 옥상에 도착했다. 혹시나 하는 마음에 토성관 쪽을 내려다보니 인자는 사라지고 없었다. 나기는 건물 벽에 있는 무늬들을 자세히 살펴봤다. 그리고 곧 서로 다른 색깔의 벽돌이 물결 무늬처럼 배열된 주차장 뒷벽에서 무늬가 옆으로 눕듯이 겹쳐져 있는 한 지점을 발견했다.

'횡와 습곡이다!'

나기는 옥상에서 내려와 주차장 벽을 향해 달렸다.

주차장 벽에서 나기는 곧 매머드 화석 아래쪽에서 8번 사물함의 비밀번호를 발견했다.

'다음은… 우물 안 요정의 얼굴을 붉게 물들여라.'

보물창고에 도착한 나기는 다시 생각에 잠겼다. 학교 안에 진짜 우물이 없다는 건 확신할 수 있었다. 우물의 이미지에서 바로 떠오른 건 수세식 변기였다. 하지만 힌트가 남자 화장실이나 여자 화장실에 있는 것은 좀 이상했다. 무엇보다 화장실은 학교 전체에 너무나 많았다. 만약 있다면 성별에 상관없이 쓸 수 있고 건물에 몇 개 없는 가족 화장실이라고 생각했다.

나기는 쉬는 시간을 알리는 종소리에 정신을 차렸다. 방금 떠올린 아이디어를 확신할 수는 없었지만 확인해 볼 가치는 있다고 생각해 우선은 제일 가까운 가족 화장실부터 찾아보기로 했다.

보물창고 옆에 있는 가족 화장실로 향한 나기는 먼저 와 있는 사람을 보고 흠칫했다. 그 사람은 다름 아닌 룸메이트 부만이었다. 부만은 팔짱을 낀 채 가족 화장실 맞은편 벽에 기대서 있었다.

"…"

나기는 부만을 경계하는 눈빛으로 쳐다봤다. 토성관은 1학년 교실이 있는 건물이었지만, 보물창고가 있는 4층은 사용하지 않고 있어 학생들이 올라올 일이 없었다. 나기는 부만이 올림피아드 준비부에 있음을 떠올렸다.

'인자가 보낸 스파이인가?'

가족 화장실로 들어가려던 나기는 잠시 멈칫했다가 그대로 문을 지나쳤다. 방금 걸음이 너무 부자연스럽진 않았나 걱정하는 나기를 부만이 등 뒤에서 불렀다.

"야, 너 요정 찾으러 온 거 아냐?"

나기는 깜짝 놀라 부만을 돌아봤다.

오답 노트

인자와 나기가 대결한다는 소문은 문자 메시지 등을 통해 전교에 퍼졌다. 갑작스럽게 퍼진 소문엔 여러 헛소문이 따라붙었다. 두 사람이 사실은 배다른 형제라거나, 리나를 둘러싼 삼각관계라는 소문도 있었다. 대결 소식을 접한 부만은 혹시나 하는 마음으로 가족 화장실 앞에서 나기를 기다려 보기로 했다. 인자가 지는 꼴을 보고 싶었지만, 그렇다고 가능성이 없는 편에서 응원하는 것도 그의 성미엔 맞지 않았다. 고민 끝에 부만은 나기가 오늘 안에 이 요정을 발견한다면 그를 지지하자고 결심했다.

'설마 했는데 첫 번째 쉬는 시간에 발견할 줄이야.'

부만은 속으로 쓴웃음을 삼키며 나기와 함께 변기 속 요정을 내려다봤다. 팔짱을 낀 채 생각에 잠겨 있는 나기에게 부만은 스프링 노트에서 뜯어낸 종이 하나를 내밀었다.

"여기에 내가 시도해 본 방법들이 있어. 성공한 건 없지만."

나기는 부만이 내민 종이를 흘깃 살펴봤다. 거기에 적혀 있는 방법은 20개도 넘을 것 같았다.

"이걸… 왜 나한테 주는 거야?"

"인자 코가 납작해지는 순간도 한 번쯤은 보고 싶어서."

나기는 잠시 고민했다. 부만의 기분도 이해는 되었지만, 승부에 편법을 쓰고 싶진 않았다. 나기가 거절할 말을 찾고 있을 때 부만이 말했다.

"지금쯤 서전이 인자에게 이곳 위치를 알려 주러 갔을 거야. 아마도 인자의 노트를 대가로 요구하겠지. 나는 그 노트가 서전이를 망치고 있다고 생각해."

부만은 서전과 둘이서 힌트를 찾으러 다니던 시간을 떠올렸다. 인자의 독촉에서 벗어난 서전은 적극적이고 창의적이었다. 늘 새로운 아이디어를 내놓았고, 흥미로운 주제가 나오면 깜짝 놀랄 만큼 많은 이야기보따리를 풀어놓았다. 부만은 그런 서전이 대단하고 부러웠다. 좋아하는 일이 있다는 건 참 멋진 일이라는 생각도 들었다.

그랬던 서전이 시험 기간이 되자 인자의 노트에만 촉각을 곤두세웠다. 리나에게 진짜 노트가 있을 거란 확신에 사로잡힌 뒤로 증세는 더 심해졌다. 성적이 발표되었을 때 부만이 좋은 성적을 거두자 서전은 부만에게 혼자 노트를 본 게 아니냐며 드잡이를 했다. 부만은 지금도 그 순간을 생각하면 가슴이 아팠다. 서전은 부만이 과학특성화중학교에서 처음 사귄 친구였기 때문이다.

"오답뿐인 종이야. 편하게 생각해."

부만은 다시 한번 나기에게 종이를 내밀었다. 나기는 종이를 받아 리스트를 확인했다. 염도, 온도, 색상 변화, 건조시키기, 물리적 충격 주기 등 나기가 고려하고 있던 수많은 가능성이 배제되었다. 나기가 떠올린 가능성 중에서 리스트의 마지막까지 사라지지 않은 것은 한 가지뿐이었다.

"…pH."

나기는 화장실 청소 도구함에서 락스를 가지고 와 변기에 부었다. 연황색의 투명한 락스가 변기물에 닿자 단숨에 진한 분홍색으로 변했다. 부만의 눈이 휘둥그레졌다.

"…어떻게 된 거야?!"

분홍색 락스는 곧 변기 전체로 퍼져나갔다. 그 색깔은 마치 분홍색 형광펜을 한 다스쯤 변기에 풀어놓은 것 같았다. 곧 변기 안쪽에서 전자음이 들려왔다.

"비밀번호는 1, 0, 1, 0, 0, 9, #. 비밀번호는 1, 0, 1, 0, 0, 9, #."

안내가 끝나자 물이 자동으로 내려가고 다시 투명한 물이 변기를 채웠다.

"아마도 변기 내부에 페놀프탈레인을 주입하는 장치와 pH 미터 같은 게 설치되어 있는 것 같아."

"페놀프탈레인? 지시약?"

"응. 페놀프탈레인은 염기성에서 분홍색을 나타내. 그래서 염기성인 락스와 만나 색깔이 변한 거야."

"하."

부만은 허탈한 웃음을 지었다. 산성-중성-염기성에서 노란색-녹색-파란색으로 변하는 BTB 용액. 산성에서 붉은색으로, 염기성에서 파란색으로 변하는 리트머스. 노란색이지만 산성에서 붉은색이 되는 메틸 오렌지. 자주색이지만 강한 염기에서 파란색으로 변하는 자색 양배추 지시약 등. 공부했던 내용들이 줄줄이 떠올랐다. 심지어 부만은 페놀프탈레인이 pH12 이상의 강염기에서 다시 무색으로 돌아간다는 사실도 알고 있었다. 하지만 변기 안에 지시약을 주입하는 장치가 있을 줄은 꿈에도 몰랐다.

"이걸 어떻게 알았어?"

"네가 준 오답 노트 덕분이야."

나기가 부만이 준 종이를 들어 보였다. 잠시 나기의 손을 바라보던 부만은 돌연 화장실 문을 벌컥 열고 소리쳤다.

"뭐 해? 얼른 가!"

부만의 시선은 부자연스럽게 화장실 바깥을 향해 있었다. 나기는 부만의 곁을 지나며 말했다.

"고맙다."

"나는 너도 싫어. 인자가 더 싫을 뿐이니까 착각하지 마."

나기는 보물창고를 향해 걸음을 서둘렀다.

조급함

　비슷한 시각, 인자는 8번 사물함의 '시간이 뒤집힌 곳에서 발
밑을 보라' 문제의 답을 찾아서 기자재실B로 돌아가는 길이었
다. 그의 옆에선 서전이 종알거리며 따라오고 있었다.
　"인자야, 잘 생각해 봐. 우물 안 요정 그거 정말 찾기 어렵다?
우리도 그거 거의 우연으로 찾은 거야. 깔끔하게 다음 학기에
노트 보여 주기로 하면 내가 바로 알려 줄게."
　"야, 정신 사나우니까 좀 꺼져."
　인자는 벌레를 쫓듯 손을 휘두르며 성큼성큼 걸음을 옮겼다.
모처럼 재미있는 승부에서 그런 김빠지는 짓을 하고 싶진 않았
다. 나기가 아무리 동에 번쩍 서에 번쩍해도 오늘 안에 8번 사
물함 정답을 찾을 것 같진 않았다. 학교에 흩어진 화석 위치만
해도 30군데가 넘었기 때문이다. 서전과 부만이 미리 보고한

위치들이 아니었다면 자신도 온종일 화석을 찾아 뛰어다녔을 것이다. 애당초 무엇 때문에 그렇게 많은 가짜 포인트를 배치한 건지 인자는 이해할 수 없었다.

"그럼 중간고사 때 한 번만 보여 줘. 그 정도면 괜찮지 않아?"

기자재실B가 있는 복도까지 서전이 졸졸 쫓아오자 인자는 서전을 한 번 쏘아봤다. 서전은 전기에라도 감전된 듯 몸을 떨며 그 자리에 멈춰 섰다.

고개를 절레절레 흔들며 기자재실B에 들어간 인자는 5번 사물함을 닫고 있는 나기와 마주쳤다. 인자를 발견한 나기는 손에 들고 있던 물건을 재빨리 주머니에 감췄다.

"…"

나기가 나간 뒤, 인자는 8번 사물함을 열었다. 사물함 안엔 가죽 파우치 3개가 남아 있었다. 서전이 챙긴 것을 제외하고도 1개가 빈다는 건 나기가 이미 8번 사물함 문제를 풀었다는 뜻이었다.

'어떻게?'

인자는 눈앞이 캄캄해지는 기분을 느꼈다. 인자는 곧바로 서전에게 달려가 멱살을 붙잡았다.

"너 이 자식, 나기한테 8번 답 알려 줬지?!"

"켁? 아, 아니야! 나 아까 거기서 계속 너 기다리고 있었어!

그 전엔 수업 시간이었고!"

인자는 서전의 멱살을 쥐고 있던 힘을 조금 풀었다. 부만이 정보를 흘렸을 가능성도 있었고, 나기가 정말 운이 좋아서 단서를 찾았을 수도 있었다. 일단 확실한 건 나기가 9번 사물함 문제만을 남겨 놓고 있다는 사실이었다. 인자는 서전에게 윽박지르듯 말했다.

"좋아, 중간고사 때 노트 보여 줄게. 요정 어디 있어?"

인자의 표정을 본 서전의 입가에 미소가 번졌다.

"방금 1년 치로 올랐어."

인자는 다시 서전의 멱살을 쥔 손에 힘을 잔뜩 줬다. 얼굴이 빨갛게 달아오른 서전은 숨을 켁켁거리면서도 웃고 있었다. 인자는 서전의 코앞까지 얼굴을 들이밀고 이를 갈며 말했다.

"⋯너 헛소리면 가만 안 둬."

가족 화장실에 도착한 인자는 허탈함에 분을 삭이지 못했다. 그는 우물 안 요정이 고작 변기 안에 있는 요정 그림일 거라고 생각해 본 적이 없었다.

"이거 확실해?!"

"아, 아마도?"

서전도 정답을 확인한 것은 아니었기에 100% 확신할 수는 없었지만, 적어도 이 이상 우물 안 요정에 가까운 것은 본 적이 없었다. 서전이 머뭇거리는 사이 인자는 바지 지퍼를 내렸다. 서전은 다급한 목소리로 인자를 말렸다.

"야, 그거 아냐. 그건 내가 해 봤어."

"똥은? 똥도 싸 봤어?"

"어."

"아악!"

인자는 머리 끝까지 화가 치밀어 올랐다. 지금까지의 문제에 비하면 이건 말장난에 불과하다고 생각했다. 한참을 씩씩거리던 인자는 어디론가 달려갔다.

"야, 야, 어디 가?!"

서전이 그를 불렀지만 인자는 걸음을 멈추지 않았다. 서전은 안절부절못하다가 일단 그곳에서 인자를 기다리기로 했다.

2~3분 후에 인자는 다시 화장실로 돌아왔다. 겨울 날씨에도 그의 이마엔 땀이 송골송골 맺혀 있었다. 인자는 곧장 변기 이곳저곳을 힘주어 밀거나 당겼다. 변기 뒤쪽 바닥 틈새로 손을 밀어 넣고 있는 인자에게 서전이 물었다.

"뭐 하는 거야?"

"보면 몰라? 뜯어 보려는 거잖아."

인자는 건물 1층에 있는 가족 화장실을 보고 왔다. 이곳의 변기는 다른 곳의 변기보다 뒤쪽이 크고 조금 더 높았다. 만약 안쪽에 어떤 장치가 있는 거라면 유지 보수를 위해 열어 볼 수 있게 만들었을 것이다. 과연 손끝에 걸쇠 모양의 고정 장치 형태가 느껴졌다. 인자는 걸쇠를 풀고 변기 뒤쪽을 통째로 들어 올렸다. 그러자 주사기와 모터로 이루어진 작은 주입 장비와 스피커가 붙어 있는 회로판이 모습을 드러냈다.

"물에 뭔가 약품을 섞는 거야. 뭘 섞는 거지?"

"어⋯ 모르겠어."

"투명한 무언가 같은데. 물에 약품을 섞고, 뺨을 붉게⋯ 투명한 물이 붉게⋯ 페놀프탈레인!"

비밀번호를 찾은 인자는 기자재실B로 달려가 5번 사물함을 열었다. 사물함 안엔 은색의 원통 모양 조각이 4개 들어 있었다. 크기는 엄지손가락 한 마디 정도였다.

"뭐야 이게? 자석?"

인자는 원통을 다른 원통에 가까이 가져갔다. 그러자 '딱!' 하는 소리와 함께 두 원통이 달라붙었다. 손가락이라도 잘못 끼이면 다칠 수 있는 정도의 세기였다. 은색 원통의 정체는 네오디뮴 자석이었다. 이로써 인자가 손에 넣은 아이템은 네오디뮴 자석, 액정 디스플레이, 집게 전선, 전류계 4개였다.

가설

그날 저녁, 학교 곳곳을 전전하던 나기는 도서관 토론실에 혼자 앉아 9번 사물함 문제 생각에 잠겨 있었다.

'마지막 실마리를 찾아라.'

나기는 자신이 봤던 교내의 모든 위치를 떠올렸다. 1학기 때 워낙 많은 곳을 돌아다닌 탓인지 미지의 영역은 많지 않았다. 하지만 그중에 실마리와 연관된 장소나 조형물은 생각나지 않았다.

종일 머리를 쓴 탓인지 나기는 머리가 지끈거렸다. 두 손 엄지로 관자놀이를 눌러 두통을 줄여 보려 했지만 큰 효과는 없었다. 그때 금슬이 토론실 문을 열고 들어왔다.

"역시 여기 있었구나?"

"…?"

나기는 금슬의 목소리에 고개를 돌렸다. 그 순간 나기의 턱으로 뜨뜻미지근한 액체가 주륵 흘러내렸다. 나기는 집중하다가 침을 흘렸다고 생각해 손등으로 재빨리 턱을 훔쳤다. 그러자 붉은 액체가 손등에 길게 자국을 남겼다.

"야, 너 코피!"

금슬이 가방에서 티슈를 꺼내 나기에게 내밀었다. 나기가 코피를 닦는 동안 금슬은 가방에서 빵과 우유를 꺼내 책상 위에 올려 두었다.

"너 보나 마나 밥도 안 먹고 이러고 있지?"

"어, 어, 미안."

"나한테 미안할 건 또 뭐야. 얼른 이거나 먹어."

코피가 멎자 나기는 금슬이 준 빵과 우유를 먹었다. 배에 음식이 들어가자 지독한 두통이 좀 줄어드는 것 같았다. 나기가 금슬에게 물었다.

"여기 있는 건 어떻게 알았어?"

"그냥. 아지트엔 아무도 없고, 여긴 네가 리나랑 공부하던 곳이잖아. 시험도 끝났는데 여길 예약할 사람은 너 밖에 없을 것 같아서."

금슬은 액정에 교내 시설 예약 현황이 떠 있는 핸드폰을 흔들어 보였다.

"근데 왜 나를 찾았어?"

"그냥, 바쁘지 않으면 뭐 좀 물어보려고."

"뭔데?"

"너는 네가… 좋아하는 사람이 만약 다른 사람을 좋아하면 어떻게 할 거야?"

금슬은 깍지를 낀 양손의 엄지손가락을 번갈아 가며 다른 엄지 위에 올리고 있었다. 그것은 긴장과 불안을 표현하는 신체적 언어였다. 나기는 곧 금슬의 질문이 조언을 구하는 것임을 눈치챘다. 나기는 누군가가 자신에게 고민 상담을 하는 게 무척이나 생소했다. 이런 행동은 보통 좀 더 일반적이고, 사려 깊고, 이해심 많은 사람에게 하는 게 상식이었다. 그래도 나기는 성심성의껏 금슬의 이야기를 들어 주기로 했다.

"그러니까 네 질문은, 지수가 다른 사람을 좋아하는 것 같다는 거지?"

"응, 그렇… 아니?! 아니이??! 난 그런 말한 적 없거든?!"

금슬은 눈이 튀어나올 것 같은 표정으로 손사래를 쳤다. 나기는 잠시 생각하다가 질문을 바꿨다.

"그럼 A가 좋아하는 B가 C를 좋아할 때, A는 어떻게 해야 하는가에 관한 질문이라고 하자."

"응."

"A가 너고, B가 지수일 때, C는 리나겠지?"

"맞아."

금슬은 대답과 동시에 손바닥으로 찰싹 소리가 나게 자신의 무릎을 쳤다. 나기에게 고민 상담을 한 게 잘한 일인지 잘못한 일인지 알 수 없는 기분이었다.

"최근에 둘이 같이 다닌 건 인자의 노트에 얽힌 사건 때문이었어."

"응, 근데 그뿐만이 아니라….

금슬은 머뭇거리다 아지트에서 찍은 사진을 보여 줬다. 리나가 지수의 품에 안겨 있는 모습이었다. 이 사진은 금슬이 지수에게 보여 줄 원고를 들고 오랜만에 아지트를 찾았다가 목격한 장면이었다. 나기는 차분한 표정으로 사진을 보다가 말했다.

"여기 바닥에 뒤집힌 턴보드가 있고, 벽엔 턴보드가 부딪힌 것 같은 흔적이 있어. 리나가 턴보드를 돌다가 넘어질 뻔해서 지수가 잡아 준 건 아닐까?"

"그건 너무 억지 추리 같은데?"

"그런가?"

나기는 시종일관 담담한 표정이었다. 금슬은 그런 나기의 반응이 이해되지 않았다. 이 일은 금슬의 일인 동시에 나기의 일이기도 했다. 나기에게 오기까지 몇 날 며칠을 고민하고 고민했던 금슬이었다.

"나기 넌 괜찮아?"

"응. 괜찮아. 누군가가 나를 좋아하는 일은 없을 거란 걸 얼마 전에 알았거든."

금슬도 비슷한 생각을 했던 적은 많지만, 나기의 말투에선 뭐라 표현할 수 없는 깊은 슬픔이 느껴졌다. 금슬의 말이 자조적이라면, 나기의 말투는 자포자기에 가까웠다.

"왜, 왜 그런 소리를 해. 네가 얼마나 장점이 많은데."

금슬의 말에 나기는 텅 빈 웃음을 지어 보였다. 나기는 인자와의 기억을 더듬는 과정에서 수학 학력 경시 대회 날 어머니가 인자에게 했던 말까지 떠올렸다.

'너도 초등학교 2학년이라며?'

'네. 우수초등학교 2학년 이인자입니다.'

'나기도 너 같은 아이였으면 좋았을 텐데.'

어머니는 인자 같은 아이를 원했다. 늘 걱정과 근심이 가득했던 어머니. 자신이 인자 같은 아이였다면 어머니는 좀 더 행복했을 것이고 아빠도 가족을 떠나지 않았을 것이다.

'부모님도 나 같은 아이를 원한 적이 없는데 누가 나를 좋아하겠어?'

나기는 목 밑까지 차오른 말을 삼켰다. 이 말을 입 밖으로 꺼내면 돌이킬 수 없는 어딘가로 떨어질 것 같다는 직감이 그의 온몸을 옥죄었다. 하지만 그 말은 가슴에 계속 담아 두기에는 너무나 날카롭고 차가웠다.

"우리 부모님도…."

"리나는 널 좋아해!"

금슬이 다급히 소리쳤다. 그러자 불 꺼진 모닥불 같았던 나기의 눈빛에 작은 불씨가 반짝였다. 금슬은 계속해서 말을 이어 갔다.

"나도 널 좋아해! 물론 이건 그냥 '친구 좋아'지만, 리나는 정말 너를 '좋아 좋아'한다고."

금슬은 리나에게 조금 미안한 기분이 들었지만, 지금은 수단 방법을 가릴 때가 아니었다. 나기가 지금 타락 플래그의 목전에 있음을 금슬은 직감적으로 알았다. 나기가 황당한 표정으로 되물었다.

"그럼 아까 그 사진은 뭔데?"

"그깟 사진이 뭐라고 그걸 믿니? 지금까지 리나가 했던 말과 행동을 봐야지!"

금슬의 그 말은 자기 자신에게 하는 것이기도 했다. 지수가 했던 말과 행동을 생각하면 한 번쯤 지수를 더 믿어 볼 만했다.

나기는 두 눈을 감은 채 리나의 얼굴을 떠올렸다. 나기를 보는 리나의 표정엔 분명 동경, 설렘, 감탄, 호기심 등 긍정적인 감정이 많았다. 하지만 그 정도로 금슬의 주장을 인정하기엔 근거가 빈약했다.

"리나가 나를 좋아한다는 가설이 참이라면, 그 이유를 설명해 봐."

"이유는 몰라도 내 관측 결과에 따르면 결론은 확실해."

"그런 비과학적인 말을 나보고 믿으라고?"

"이게 왜 비과학적이니? 과학에도 그런 일이 얼마나 많은데."

"예를 들어서?"

"전자의 이중 슬릿 통과 실험을 생각해 봐!"

나기는 곰곰이 금슬의 말을 곱씹었다. 전자를 이중 슬릿에 통과시키면 두 슬릿을 동시에 통과한 파동처럼 스크린에 간섭무늬를 만든다. 하지만 각각의 전자가 어느 슬릿을 통과했는지 관측하면 더는 간섭 무늬를 만들지 않고 다른 입자들처럼 선명한 2개의 자국만을 남긴다. 이 기묘한 결과는 다양한 조건에서 재현되었고, 무려 276개의 원자로 이루어진 그라미시딘에서도 같은 결과가 나타남이 확인되었다. 이쯤 되면 파동-입자의 이중성은 미시 세계에서만 나타나는 일이 아니었지만, 왜 이런 결과가 나오는지는 100년째 논쟁이 계속되고 있다. 분명한 것은 관측이 파동에서 입자로 물질을 바꾼다는 사실이다.

'이유를 몰라도 결과를 알 수 있구나.'

나기는 지금까지 사람의 감정에 대해 고민했던 자신이 바보처럼 느껴졌다. 나기는 타인의 감정을 알기 위해 그 밑에 숨겨진 사고의 흐름과 이유, 그 모든 것을 이해하려 했다. 하지만 사람들은 그의 노력을 비웃듯이 때때로 이해할 수 없는 표현과 행동을 보였고, 그때마다 나기는 새로운 가설을 세워야 했다.

"이유를 몰라도 그럴 수 있는 거였어."

나기는 세상에 태어나 처음 빛을 본 듯한 느낌마저 들었다. 파동-입자 이중성의 이유에 대한 논쟁은 앞으로도 한동안 계속되겠지만, 그렇다고 물질이 파동과 입자의 이중성을 가진다는 결과까지 부정할 필요는 없었다. 이제 남은 일은 금슬의 가설이 맞는지 객관적으로 검증하는 것뿐이었다.

"어디 가?"

"리나한테 네 말이 맞는지 물어보러!"

"뭐?! 야, 안 돼!"

금슬이 말릴 틈도 없이 토론실을 나선 나기는 이미 복도 저편으로 뛰어가고 있었다.

증명

　나기는 리나를 찾아 달리고 또 달렸다. 아지트에 사람이 없었다는 금슬의 말에 나기는 제일 먼저 기숙사로 향했지만, 리나는 그곳에 없었다. 그럼 지금 리나가 있을 만한 장소는 어디일까? 나기는 기억 속에서 리나가 있을 만한 장소를 물색했다.

　잠시 후 나기가 도착한 곳은 화성관의 청출어람실이었다.

　"하아… 하아… 리나야!"

　"…!"

　청출어람실에서 백화란 선생의 전시물을 보고 있던 리나는 갑작스러운 나기의 등장에 깜짝 놀라 젖어 있던 눈가를 황급하게 정리했다.

　"여, 여긴 웬일이야? 힌트라도 찾으러 왔어?"

　"아니, 너한테 물어볼 게 있어서."

"인자랑 대결은?"

"아니, 아직 안 끝났는데, 지금 그게 중요한 게 아니고…."

"그게 안 중요하면 뭐가 중요해? 너라도 인자한테 한 방 먹여 줘야 할 거 아냐!"

리나가 버럭 역정을 내자 용기로 가득 찼던 나기의 마음이 단숨에 쪼그라들었다.

"어… 여, 역시 그게 제일 중요한가?"

"당연하지!"

"그럼, 저기, 나 '마지막 실마리'를 찾고 다시 올게."

"마지막 실마리? 다른 문제는?"

"다른 문제는 다 풀었어."

리나는 나기의 능력에 다시금 감탄했다. 지난 학기에 퍼즐을 푸는 덴 4개월이 걸렸고, 이번 학기에 퍼즐의 절반을 푸는 데는 한 달이 걸렸다. 그런데 나기는 오늘 하루 만에 남은 퍼즐을 거의 다 풀어 버린 것이다. 나기의 이런 모습을 볼 때마다 리나는 가슴이 두근거렸다. 리나는 헛기침으로 감정을 숨기며 나기에게 물었다.

"마지막 문제가 정확히 뭐였지?"

"'마지막 실마리를 찾아라'인데."

"실마리… 실마리랑 실타래는 다른 건가? 실타래는 어디 있는

지 아는데."

리나는 화성관에서 본 고양이 조각상을 떠올리며 말했다.

"실타래는 실이 묶인 덩어리고, 실마리는 그 처음 부분을 뜻해. 보통 실마리라고 하면 사전 그대로의 뜻보다는 어떤 일이나 사건을 풀어 갈 수 있는 첫머리를 뜻하는 표현으로…"

실마리에 대해 설명하던 나기는 실이 감겨 있는 모양을 상상하다 아이디어가 번쩍 떠올랐다.

"리나야, 방금 말한 실타래가 원통에다 실을 감은 그런 모양이야?"

"어, 그런 모양이야."

"그렇다면 그게 마지막 실마리야."

두 사람은 곧 화성관 1층 현관에 있는 조각상 앞에 도착했다. 그곳엔 속이 빈 원통 모양의 금색 실타래를 앞발로 굴리고 노는 흰색 대리석 고양이 조각상이 있었다.

"여기서 번호를 찾는 거야?"

리나는 조각상 주변을 기웃거리며 물었다. 나기는 고개를 흔들고 가방에서 지금까지 구한 아이템들을 꺼내 놓았다. 네오디뮴 자석, 전류계, 액정 디스플레이, 그리고 집게 전선이었다. 나기는 조각상에 있는 실타래 양 끝에 튀어나온 단자에 집게 전선을 물렀다. 액정-전류계-실타래를 고리 모양으로 연결하고 있는 나기에게 리나가 물었다.

"이건 뭘 만드는 거야?"

"이 실타래의 정체는 구리 코일이었어. 코일 안으로 자석을 넣었다 뺐다 하면 전자기 유도에 의한 전류가 코일에 흐를 거야. 이 액정엔 그 전류를 감지해 작동하는 회로가 들어 있을 거고."

"왜 그렇게 하면 전류가 생겨?"

"전자의 흐름과 자기장의 변화가 밀접하게 연관되어 있어서. 내가 설명할 수 있는 건 여기까지지만… 어쨌든 코일엔 자기장의 변화에 저항하는 방향으로 자기장을 만드는 전류가 흘러. N극이 가까워질 땐 코일 쪽에 N극이 생기고, N극이 멀어질 땐 반대로 S극이 생기는 식으로 전류가 흐르는 거야."

리나는 나기의 설명을 들으며 어쩐지 코일이 자신의 마음과 닮았다고 생각했다. 나기가 가까이 올 땐 도망치고 싶고, 나기가 멀어질 땐 붙잡고 싶다.

'코일이랑 자석도 밀당을 하는구나?!'

리나가 속으로 감탄하는 사이 연결을 마친 나기가 코일을 향해 자석을 가까이했다 멀리하길 반복했다. 전류계 바늘은 +쪽으로 중간쯤 올라갔다가, 0점 아래로 뚝 떨어졌다가 다시 중간

쯤 올라가길 반복했다. 전류계 바늘이 다섯 번쯤 오르내렸을
때, 액정에 불이 켜지며 빨간 글씨가 순차적으로 나타났다.

'축하합니다! 830314#'

나기와 리나는 서로 마주 보고 활짝 웃은 뒤 보물창고로 달
려갔다.

나기는 9번 사물함에 비밀번호를 입력했다. 사물함 안엔 사
진으로나 보던 옛날 전화기 하나가 덩그러니 놓여 있었다.

"뭐지?"

나기는 수화기를 들어 귓가에 댔다. 어딘가로 전화가 걸리는
다이얼 소리가 났다. 몇 번의 신호음 끝에 익숙한 목소리가 들
려왔다.

"축하합니다. 주나기 군, 그리고 방리나 양."

"교장 선생님?"

나기는 깜짝 놀라 보물창고에 있는 CCTV를 쳐다봤다.

"맞습니다. 이번 보상은 방학식 때 전해 주겠습니다. 그전까
지 이번 퍼즐을 함께 푼 친구들의 이름을 알려 주세요. 그럼,
그때까지 몸 건강하길 바랍니다."

"아, 네, 감사합니다."

짧은 통화가 끝나자 운동장에선 불꽃놀이가 시작되었다. 두

사람의 승리를 확정하는 축포였다.

"넌 역시 대단해!!"

리나가 나기를 와락 끌어안았다. 나기가 그대로 리나의 등을 감싸고 빙글 돌자 그녀의 발이 공중에서 큰 원을 그렸다. 리나는 즐거운 비명을 질렀다. 두 사람은 손을 잡고 창밖의 불꽃놀이를 지켜봤다. 불꽃놀이가 끝날 무렵 리나가 나기에게 물었다.

"아까 물어보려던 말은 뭐야?"

"…어?"

"나한테 뭐 물어볼 거 있다며."

"아…."

나기의 얼굴이 빨갛게 달아오르며 눈동자가 흔들리기 시작했다. 자신이 얼마나 얼토당토않은 일을 하려 했는지 뒤늦게 알아차렸다. 마땅한 변명거리를 찾아 나기의 뇌가 최대 속도로 돌아가려는 순간 '꼬르르륵' 소리가 보물창고 안을 울렸다.

"바… 밥, 먹었어?"

"풋! 아니, 나도 아직 안 먹었어."

"식당 아직 안 닫았나? 매점이라도 갈래?"

"그러자."

매점을 향해 걸어가는 길에 나기는 다시 조심스레 리나의 손을 잡았다. 리나도 나기의 손을 맞잡았다.

'우리는 지금 같은 생각을 하고 있어.'

나기는 그 사실을 증명할 수 없었지만 느낄 수 있었다.

게임

비슷한 시각, 서전과 함께 표본실에서 거미와 누에를 조사하던 인자는 폭죽이 터지는 소리에 창밖을 바라봤다.

"…하."

인자는 허탈한 웃음을 내쉬었다. 그야말로 쓸 수 있는 모든 수단을 다 썼지만, 결과는 참패였다. 멍하니 창밖을 보고 있는 인자에게 서전이 물었다.

"너 졌어도 약속은 지키는 거다?"

"어, 그래."

인자는 신기할 만큼 분한 기분이 들지 않았다. 오히려 마음 안에 있던 족쇄가 끊어진 것처럼 홀가분한 기분이었다. 중간고사니, 요점 노트니 하는 일들은 전부 사소한 일이었다.

그날 밤, 인자와 나기는 기숙사 뒤 공터에서 만났다. 나기가 인자에게 물었다.

"이제 말해 줘. 왜 그랬는지."

"…."

나기의 질문에 인자는 머쓱한 표정으로 코를 매만졌다. 처음엔 나기와 진심으로 싸워 이기는 게 목표였는데, 그것이 좌절된 지금도 생각만큼 화가 나거나 슬프진 않았다. 승부의 결과 따위는 아무래도 상관없는 것 같은 이 기분은 인자에게도 낯선 것이었다. 인자는 고개를 갸우뚱거리며 나기에게 되물었다.

"그러게. 왜 그랬을까?"

나기는 미간을 찌푸리며 인자를 노려봤다.

"지금 나랑 장난하자는 거야?"

'…어? 그거였나?'

인자의 머릿속에 전구가 켜진 기분이었다. 이번엔 비록 졌지만, 인자는 나기와의 승부를 계속하고 싶었다. 다음에 이기면 방어전을 하고, 또다시 지면 설욕전을 하고 싶었다. 그렇게 나기와 진심으로 계속 부딪히는 게 인자가 바랐던 소원이었다. 승패만 가릴 수 있다면 종목도, 보상도 상관없었다. 그 마음은 승부보다는 게임에 가까웠다.

"하…! 하하하! 하하하하하하하하하하!!"

자신의 마음을 깨달은 인자는 배를 잡고 웃었다. 코미디도 이런 코미디가 없다는 생각이 들었다. 숨도 제대로 못 쉬고 꺽꺽거리며 웃던 인자는 들고 있던 가방에서 정사면체 큐브를 꺼내 나기에게 건넸다.

"이거, 돌려주고 싶었다."

"…어?"

"나는… 너를 다시 만나고 싶었어."

"갑자기 무슨 소리야?"

"다음에 또 놀자."

"싫은데?"

나기는 진저리가 난다는 표정으로 인자를 쳐다봤지만, 인자는 후련한 표정을 지으며 엄지손가락으로 자신을 가리켰다.

"이번엔 졌지만, 다음엔 내가 이길 거야."

"아니, 싫다니까?"

"리나에게도 사과할 테니 걱정하지 마."

"내가 지금 그걸 걱정하는 걸로 보여?"

나기는 벽에다 대고 말을 해도 이보다는 덜 답답하겠단 생각에 가슴을 쳤다. 하지만 인자는 이미 세상 가벼운 발걸음으로 기숙사로 걸어가고 있었다. 나기는 밤하늘을 향해 깊은 한숨을 내쉬었다.

의문의 인물은 고개를 가볍게 숙인 뒤 교장실을 나섰다. 천상천 교장은 의자에 몸을 더 깊이 파묻고 창가 쪽으로 의자를 돌렸다.

"갈 길이 멉니다. 조금은 서둘러야지요."

다음 날, 아이들이 학교를 모두 떠난 뒤 과학특성화중학교 외벽엔 '공사 중' 표시와 함께 곳곳에 가림막이 설치되었다. 또 다른 비밀, 아니 시련이 아이들을 기다리고 있었다.

- 3권에서 계속

"과학을 탐구하는 과정이 늘 새롭고 즐겁진 않을 수도 있습니다. 이번 문제들은 때론 넓고 때론 세밀하게 문제를 바라보는 시야의 중요성, 그리고 수많은 시행착오 끝에 미지를 극복해 가는 노력, 마지막으로 치열한 경쟁 속에 일어나는 동반 성장의 효과를 담기 위해 노력했습니다. 그 의미가 잘 전달되었길 바라며, 노력한 학생들을 위한 작은 보상을 준비했습니다. 천하통일 스키 캠프의 3박 4일 겨울 학교 티켓입니다. 모두 큰 박수로 축하해 주세요."

그렇게 과학특성화중학교의 1년이 끝났다.

방학식이 모두 끝난 뒤, 천상천 교장은 교장실 의자에 기대앉아 누군가와 이야기를 나누고 있었다.

"어떻게, 생각엔 좀 변화가 있었습니까?"

"…."

"별말이 없는 걸 보니 변화가 있군요. 그럼, 받아들인 걸로 알고 맡기겠습니다."

"후회하실 텐데요."

"뭐, 아프니까 청춘 아니겠습니까."

"요즘 애들은 그런 말 싫어합니다."

"하하. 한 방 먹었군요. 어찌 됐든, 잘 부탁합니다."

또 다른 시작

　12월 말, 겨울 방학식이 시작되었다. 훈화에 앞서 간단한 시상식이 있었다.

　"11월 올림피아드 본선에 출전했던 학생들이 우수한 성적을 거두었습니다. 은상 이인자. 동상 백점만, 김문학. 장려상 성공해. 호명한 학생들은 단상 위로 올라와 주세요."

　인자는 박수 속에서 상장을 전달받고 아이들을 향해 두 손을 흔들어 보였다. 그 모습은 이전 방학식 때보다 훨씬 밝고 편안해 보였다.

　"그리고 학교의 두 번째 비밀을 푼 학생들도 나왔습니다. 권지오, 방리나, 주나기, 연금슬, 피지수. 이상 호명된 학생들은 단상 위로 올라와 주세요."

　발레부 친구들은 곧 나란히 단상 위에 섰다.

"아니거든? 영구치거든?"

두 사람은 한참 엉덩이 싸움을 계속하다 사서 선생에게 경고를 받았다.

"진짜? 그럼 문제 낸다?"

"그래! 한번 내 봐."

금슬은 지수에게 〈절대영도 마법 교실〉에 나오는 인물들의 관계를 질문했다. 어떤 질문은 완결까지 읽지 않으면 알 수 없는 것이었지만, 지수는 막힘없이 답했다.

"오… 그럼 이것도 알아?"

"얼마든지 내 봐!"

금슬은 지수에게 묻고 싶었다.

'내가 너를 좋아하는 것도 알아?'

하지만 금슬은 묻지 않기로 했다. 어차피 이 마음을 감출 수 있는 시간은 그리 길지 않을 것이다. 그렇다면 아직은 이 설렘을 조금 더 즐기고 싶었다.

"…아니다, 됐다."

"아, 왜- 말을 하다 마는 게 어디 있냐?"

지수는 두 손에 책을 든 채 엉덩이 옆으로 금슬을 툭 쳤다. 금슬은 그 충격으로 두어 걸음 물러났다가 잽싸게 달려와 엉덩이로 반격했다.

"내 맘이거든?"

"네 맘만 있나? 내 맘도 있지!"

"아, 유치해!"

"응?"

"아 참, 이거 비밀이었지."

그날 학교엔 나기가 유네스코 인류무형문화유산인 택견 명인의 후계자로 지수의 다리를 깎음다리로 공격한 뒤, 공중으로 뛰어올라 차는 두발낭상으로 단번에 쓰러트렸다는 소문이 함께 퍼졌다. 나기가 문무를 겸비한 과학특성화중학교의 1인자로 등극하는 순간이었다.

그날 저녁, 도서관에서 봉사활동 중인 지수에게 금슬이 찾아왔다. 금슬은 나기와 친하다는 이유로 온종일 온갖 소문의 진상을 묻는 말에 한참을 시달리다 온 참이었다. 다른 소문은 그렇다 쳐도 '주나기 택견 고수썰'은 금슬을 아연실색하게 만들기 충분했다. 금슬이 지수의 옆구리를 팔꿈치로 쿡 찌르며 말했다.

"하여간 못됐어."

"아, 왜- 덕분에 이제 나기한테 시비 거는 애들은 없을걸?"

지수는 웃으며 카트에 있는 책들을 책장에 정리했다.

"나기랑 너를 보면 보일과 샤를이 생각나."

"과학자? 아니면 〈절대영도 마법 교실〉에 나오는 애들?"

"너 그것도 봤어?"

"완전 재미있게 봤지."

'어머니, 제가 볼 땐 인자가 더 이상한 놈 같아요.'

나기는 어쩐지 가슴 속에 있던 응어리가 조금 풀어진 것 같았다.

다음 날, 인자는 교실에서 서전과 함께 리나에게 사과했다. 인자가 나기와의 대결에서 졌다는 소식은 빠르게 아이들 사이로 퍼져나갔고, 두 사람의 대결에 대한 여러 헛소문도 함께 퍼져나갔다. 그중 가장 유력한 설은 수학 문제, 큐브 맞추기, 원주율 암기 3종 대결이었고, 발레 스핀으로 겨뤄서 나기가 이겼다는 소문도 있었다.

이제야 모든 일상이 제자리를 찾은 듯했지만, 나기에겐 여전히 풀어야 할 숙제가 남아 있었다.

"지수야…. 지난번엔 정말 미안해. 얼굴은 좀 어때?"

나기는 지수에게 사과했다. 사실 지수는 어제까지 나기에게 했던 말이나 진심으로 펀치를 날렸던 일에 대해 사과할 타이밍을 재고 있었다. 하지만 이대로 나기와 화해의 악수를 하고 '나도 미안해' 같은 말을 하는 건 너무 낯간지럽다고 생각했다. 잠시 고민하던 지수는 정중하게 주먹과 손바닥을 얼굴 앞에 마주치며 고개를 숙였다.

"아니야. 택견 전통 후계자를 몰라보고 덤빈 내 잘못이지."